庭院葡萄园艺

王家民　王洪国　编著

科学技术文献出版社
SCIENTIFIC AND TECHNICAL DOCUMENTATION PRESS

·北京·

图书在版编目（CIP）数据

庭院葡萄园艺/王家民，王洪国编著. —北京：科学技术文献出版社，2020.5
（2023.9重印）
ISBN 978-7-5189-6366-9

Ⅰ.①庭…　Ⅱ.①王…　②王…　Ⅲ.①庭院—观赏园艺　Ⅳ.① S68

中国版本图书馆 CIP 数据核字（2020）第 001300 号

庭院葡萄园艺

策划编辑：孙江莉　　责任编辑：马新娟　　责任校对：张吲哚　　责任出版：张志平

出　版　者	科学技术文献出版社	
地　　　　址	北京市复兴路15号　邮编 100038	
编　务　部	（010）58882938，58882087（传真）	
发　行　部	（010）58882868，58882870（传真）	
邮　购　部	（010）58882873	
官 方 网 址	www.stdp.com.cn	
发　行　者	科学技术文献出版社发行　　全国各地新华书店经销	
印　刷　者	北京虎彩文化传播有限公司	
版　　　次	2020 年 5 月第 1 版　2023 年 9 月第 2 次印刷	
开　　　本	710×1000　　1/16	
字　　　数	143 千	
印　　　张	9.25	
书　　　号	ISBN 978-7-5189-6366-9	
定　　　价	28.00 元	

序

　　家民先生乃吾师长之辈。家民先生一生从事果树园艺教学与科研工作，尤其在葡萄园艺研究方面具有独到之建树，先生在 84 岁高龄之际完成《庭院葡萄园艺》著述，令我钦佩景仰之至。本次与家民先生合作编写此书，实质是在先生指导下的一次难得的学习与实践的机遇。通过本次合作，本人更深感家民先生之品德高尚与学识渊博。

　　与家民先生合作编著此书，本人深感荣幸，但唯恐达不到先生对我之期望。书稿完成之后，纵览全书，感到书中技术知识对于《庭院葡萄园艺》读者应掌握的理论与技能已绰绰有余，但书中对于全世界最主要的栽培果树 —— 葡萄的历史故事、保健常识等却涉猎不多，这部分内容恰为《庭院葡萄园艺》主要读者对象 —— 退休赋闲之高知阶层关注所在。

　　上述内容如写进书中，与技术专著好似不太和谐，作为学生不揣冒昧，试将上述内容补充于序之中，作为庭院葡萄园艺技术的补充拾遗。

　　自第二次世界大战结束以来，全世界已 70 余年未发生大规模战争，在和平安定的大环境下，"健康、美容、长寿"已成为人类共同追求的时尚，"园艺保健""园艺医疗""园艺养生"等新概念在全球范围悄然兴起。我国经历改革开放 40 年，城乡普遍富裕的人群也在追寻"闹市中的乡村"环境，广大乡村农民在丰衣足食的基础上也开始营造优美的庭院园艺。据报道，经常从事园艺活动的人，阿尔茨海默病罹患率可降低 36%，园艺对于防治阿尔茨海默病、呼吸道疾病、癌症、高血压、焦虑症等疾患也有很好的医疗保健功效。荷兰一项研究证明园艺活动可降低人体内精神压力荷尔蒙的含量，改善人群感觉情绪，起到愉悦老年人精神、延长人类健康寿命的积极作用。

果树、花卉、蔬菜是构成庭院园艺最主要的三大支柱植物类群；在鳞次栉比的城市楼群中间隙地，在农村新居的庭院里，葡萄已成为家庭种植的庭院园艺植物类群中最主要的物种。

葡萄的生物可塑性极强，从云贵高原到黑龙江畔，从渤海之滨到吐鲁番盆地，无论是果园、篱旁、街路、庭院……随处可见枝蔓袅斜、生机盎然的葡萄。葡萄枝干可长达数十米，也可人为修剪控制株高，栽植于只有几平方米的庭院中，居住于高层楼房的居民虽然没有庭院，但可将葡萄盆栽放置于阳台之上，为居室增添几分绿色乡村气息。

葡萄绿化庭院、美化居室的作用已为广大居民所熟知，但对于葡萄特殊的花香，几乎被专业与业余种植者所忽略，葡萄花没有鲜艳的色彩，但它散发的淡雅清香却为其他花香所不及，辛勤劳动之余的人们在葡萄植株旁呼吸特有的花香，可收到心旷神怡、消除疲劳的特殊功效。

当前"减排二氧化碳"已成为世界浪潮，利用绿色植物吸收二氧化碳应属积极的减排措施，葡萄与所有绿色植物一样，在阳光和叶绿素的作用下，通过光合作用将空气中的二氧化碳和根系吸收的水分合成碳水化合物，碳水化合物中约有 43% 的组分来源于空气中的二氧化碳，如果每户居民都能种植或盆栽一两株葡萄，形成一支吸收二氧化碳的"全民大军"，对于全球减排二氧化碳将起到不可估量的、特殊的重要作用，对于人类乱砍滥伐绿色林木、破坏生物循环的无知行为也是一种积极的补偿行动。

作为庭院园艺爱好者，对于葡萄栽培历史故事及医疗保健常识亦应略知一二。多少年来，珠圆玉润、汁多味美的葡萄一直被誉为"果中之珍"。葡萄的果实不仅形美味佳，而且营养丰富。据分析，葡萄含糖量高达 20% 左右，是苹果、梨、桃、李、杏等大宗水果含糖量的 2 倍之多。葡萄由于含糖量高，所以能代替粮食用于酿酒。近代世界葡萄总产量已达 5400 多万吨，占各种水果产量的首位。葡萄的主要用途并不是生食，生食葡萄仅占葡萄总产量的 16% 左右。据统计，世界葡萄总产量的 80% 用于造酒，法国的酿酒葡萄产量最高，年产 1000 多万吨。法国的白兰地、香槟等地都是著名的法国酒用葡萄产区。白兰地与香槟等地所产的葡萄酒各具饮用特色，在世界各地广为销售，久而久之，产地反而成为不同葡萄酒的名称，这便是"白兰地葡萄酒""香槟葡萄酒"因产地而得名的由来。在我国历史上，葡萄酿造业也很发达，汉末曾有一个叫孟陀的人，用葡萄酒贿赂宦官张让，结果被提拔为凉州刺史，唐朝诗人刘禹锡借此事写出"酿之成美酒，令人饮不足。为君持一斗，往取凉州牧"的诗句。通过这件史实，一方面看出统治者的昏庸腐败，同时也说明我国汉末葡萄酒酿造业已具有很高水平，2000多年前，我国酿造葡萄酒的风味已十分诱人。葡萄除含有糖、氨基酸、维生素 B_1、维生素 B_2 和维生素 C 外，还含有抗恶性贫血的维生素 B_{12}，每升葡萄酒中含维生素 B_{12} 12~15 毫克。葡萄酒分红、白两种。白葡萄酒是白葡萄品种（指果粒成熟后为黄、浅绿、碧绿色等浅色品种）用其汁液单独发酵（去皮）制成；而红葡萄酒是用带皮的红葡萄（指葡萄成熟的果粒色深，呈红、深红、紫黑色等）汁发酵制成。由于葡萄果实中含有天然的聚合苯酚，特别是在葡萄皮中含量较高，因此，葡萄酒有很好的杀灭病毒的能力，红葡萄酒由于带皮酿造，所以对细菌和病毒的杀伤能力强于白葡萄酒。葡萄酒含有维生素 B_{12}，常饮葡萄酒对于治疗恶性贫血非常有益。经常饮用葡萄酒能起到营养强壮的作用。

葡萄在我国栽培历史悠久，其医疗保健作用广为流传，是中华"药食同源"的重要组成物种。葡萄含糖种类主要是葡萄糖（单糖，$C_6H_{12}O_6$），由于相对分子质量小（180），食用后很容易被人体直接吸收。低血糖患者食用葡萄可以快速补充糖原。

我国传统中医学认为葡萄性平、味甘、无毒，具有利筋骨、治痿痹、益气补血、除烦止渴、健胃、利尿等功效。现代研究证明，葡萄还含有维生素 P，葡萄种子油 15 克口服可降低胃酸毒性，12 克口服可利胆。葡萄中含有的天然聚合苯酚，能与细菌或病毒中的蛋白质结合，而使它们失去传染疾病的能力，对脊髓灰白质病毒和其他一些病毒也有很好的杀灭作用。葡萄还可以用于治胃炎，心性、肾性、营养不良性的浮肿，慢性病毒性肝炎，脊髓灰质炎，肠炎及痘疮疱疹等疾病。据古医书记载，葡萄可"益气倍力，强志，令人肥健，耐饥，忍风寒，轻身不老延年"。可见，葡萄又是一种补诸虚不足、延长寿命的良药。葡萄还可制作成葡萄干、葡萄汁、葡萄糖浆、葡萄醋等加工品。

葡萄干是有名的果干，我国新疆吐鲁番的无核白葡萄干闻名全世界。葡萄干是健胃益气的滋养品，虚弱患者最宜食用，既可开胃增进食欲，又可补虚、镇静、止呕、止痛。

葡萄汁能除烦解渴，是身体虚弱患者营养丰富的饮品。葡萄的根、藤和叶，也可作为药用，水煎服，可治妊娠恶疸，并有安胎、消肿、利尿的作用。据李时珍著《本草纲目》记载：葡萄根、叶可以止呕哕及霍乱后恶心。有人认为葡萄根的抗病作用要比葡萄果实更强，如用鲜葡萄根治疗肝炎、黄疸取得了很好的效果。近年研究发现，葡萄果实与种子中含有的白藜芦醇具有明显的防癌与抗癌功效。

根据对古代遗迹、遗物的考察证明，葡萄是全世界发源历史最早的果树。在埃及古墓中，曾发掘出葡萄的种子和有关葡萄的绘画。可见世界葡萄栽培历史至少在 7000 年以上。传入我国栽培大约是在 2000 年以前。据《史记》记载，在大宛国一带用葡萄酿酒，汉武帝派遣使臣取回果实种子，进行栽培。后魏高阳太守贾思勰所著的《齐民要术》一书中也曾记载："汉武帝使张骞至大宛，取葡萄实，于离宫别馆旁尽种之。"

自汉使张骞将葡萄引入汉朝首都长安以后，大受统治者青睐，后来由于汉朝都城东迁至洛阳，葡萄也就随之传入华北地区；至魏晋两代，宫苑、王圃仍以种植葡萄为盛，魏文帝曹丕（公元 220—226 年）曾赞誉葡萄："甘而不捐……冷而不寒，味长汁多，除烦解渴……"到了唐朝，葡萄栽培便广泛传入民间，这时葡萄加工酿造业更加发达，唐朝诗人王翰就曾以葡萄酒为内容写出"葡萄美酒夜光杯，欲饮琵琶马上催。醉卧沙场君莫笑，古来征战几人回"的脍炙人口的诗句。

我国历史上，葡萄栽培业具有重大发展的时期是在元朝，因为那时元朝拔都西征，将葡萄原产地的大宛、月氏等国征服，并捉来大批俘虏，这些人大部分是精通葡萄栽培技术的劳动人民，所以当时的官吏就将他们安置在宣德（现河北省宣化一带）栽植葡萄，从此西北地区的葡萄优良品种和栽培技术也同时传入华北。

葡萄进入结果期比其他种类果树早，在优良栽培技术条件下，扦插后第二年就能结果；它的寿命也很长，结果年限可达几十年至几百年，在英国有株葡萄是 1891 年栽的，它的覆盖面积达 460 多平方米，最长枝蔓达 90 多米，每年可采果穗 10 万余个，是世界上最大的葡萄树。1893 年，在美国加利福尼亚州也曾发现一株葡萄，年产量达 8000 多千克，当时这株葡萄已有 51 岁高龄，但生长发育仍很旺盛。

庭院葡萄是家庭文化水准的标识内容之一，了解上述葡萄历史与医疗保健常识，对于城乡种植葡萄者文化水平提高与增添饭后茶余园艺谈资无疑是一项重要内容，伴随富裕和谐的社会发展，家庭种植葡萄日益普遍，但种植水平、观赏效果、果品质量却差距悬殊。诸多家庭园艺爱好者已不满足于对葡萄历史故事与医疗保健常识的掌握，需要进一步学习现代葡萄的栽培技术。庭院园艺葡萄种植与生产性果园葡萄种植相比，既有相同之处，又有庭院种植的独具特色。庭院葡萄园艺既要满足葡萄本身的生物学特性要求，又要适应不同家庭的居住环境条件；既要收获果实，又要采取人为农艺措施塑造可供观赏的艺术效果。

本人自吉林农业大学毕业以来一直在长春大学从事校园园林设计与建设工作。伴随城乡庭院葡萄园艺事业的不断发展，本人经常收到庭院葡萄园艺工作者提出的有关葡萄种植的种种问题，说明庭院葡萄园艺学已成为新时代城乡居民普遍关注的一项新文化知识，但由于本人关于庭院葡萄园艺学识技术水平所限，难以一一作复。最近根据本人在园林工作实践中发现的问题，结合家民先生多年的科研成果总结及庭院种植葡萄的实践经验，在家民先生的指导下，与先生合作编著完成《庭院葡萄园艺》一书，书中内容恰是广大葡萄园艺工作者亟待解决的理论与实践相结合的问题，预计本书出版后，将可完成本人想要解答却一直未完成的、城乡庭院葡萄园艺工作者提出的、各种葡萄栽培疑难问题的积年夙愿。愿本书出版后，能为读者的家庭园艺增添几分诗情画意，有助于庭院园艺工作者步入葡萄栽培高新技术领域，能在园艺保健、园艺医疗、园艺养生等方面为人们的健康、愉悦、长寿做出实际贡献。

"天地者万物之逆旅，光阴者百代之过客。"家民先生能在耄耋之年将多年积累的科研成果贡献于《庭院葡萄园艺》著作中，本人在与先生合作编写此书的过程中，对家民先生清心寡欲、淡泊名利的一生修为更加产生一种肃然起敬之感。先生能在人生旅途中留下这最后一点学术痕迹，足见先生对人生的慎重负责与德技高尚的人品。作为学生，不仅在编写本书的过程中当好助手，并且在《庭院葡萄园艺》作为一本技术专著正式出版发行后，我将积极推广书中的葡萄园艺技能，读者如在应用过程中发现书中论述难以付诸实践，本人将充当具体指导实施的"助教"，使书中论述能成为广大庭院葡萄园艺爱好者的实践指南。

在《庭院葡萄园艺》即将出版发行之际，家民先生一再叮嘱，要向有关参考文献编著者致以诚挚的谢意，并望业内专家能对本书不吝指正。

王洪国

2020 年 3 月 28 日于长春大学

目　录

1 庭院葡萄园艺概论

1.1 庭院葡萄园艺概念

庭院葡萄园艺，包含"庭院""葡萄""园艺"3个名词概念。《辞海》中写道："家庭即以婚姻和血缘关系为基础的社会单位，包括父母、子女和其他共同生活的亲属在内。"本书中的"庭院"是指"家中庭园"或"家园"。

"葡萄"，古书中称"蒲桃"，又名"草龙珠"，藤本，果实柔软多汁，香、甜、美，可生食，也可加工，如制汁、酿酒、制罐、制干等，所以功用广泛（表1-1）。

表1-1 葡萄果实的用途

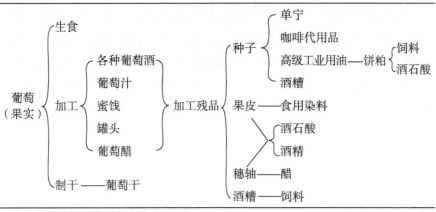

注：摘自《果树栽培学》，河北农业大学，1963。

葡萄营养价值高，适应性强，栽培范围广，经济效益好，是最适合庭院栽培的果树资源之一。

"园艺"，含"园"和"艺"两个概念。《辞海》中解释："园"即指种植蔬

庭院葡萄园艺的特点："果"（收获浆果）、"美"（美化环境）兼顾，栽植面积小而零星、随意性强，集约化。所以，在管理上就要灵活多变，不要局限在某项技术的固定点上布局、架式、整形修剪。

菜、花果、树木的地方，如菜园、果园、花园；"艺"即指技能、技术，而园艺即指种植蔬菜、果树、花卉等的技艺。《辞源》中将"园艺"解释为"栽植蔬菜、花木之技艺，谓之园艺"。园艺的特点有以下3个方面。一是周围多有垣围，如《辞源》云："植蔬果花木之地，而有藩者也"为园。"藩"者，篱笆，障也，即凡在有垣围之土地从事果蔬花木等技术称为园艺。二是集约化栽培，就是在单位面积的土地上，投放大量资金、劳力及技术，而栽培能有相应报酬的植物。三是植物应用在美学上，这是园艺独一无二的特点。园艺既是一门科学又是一门艺术，是科学、技能及美学奇妙的混合体，是令人心神爽快的科学。

综上所述，可概括为：自家（或一家一户）庭院栽植葡萄的技艺，谓之"庭院葡萄园艺"。

1.2　庭院葡萄的生物学特性

葡萄在进化过程中，生长发育与其周围环境条件形成一个有机联系的统一体。其生长发育及其浆果果实的形成，既决定于其本身的遗传性，同时也决定于外界环境条件。在栽培条件下，栽培者必须使两者的节奏相互协调适应，从而达到栽培目的。因此，庭院葡萄园艺的任务有二：一是改造葡萄本身，以适应自家庭院的环境条件，如选育相应品种、进行植株整理、配以相应的技术措施；二是改造环境条件，即通过人的主观能动性，创造适于庭院所栽葡萄生长发育的环境条件，进而促进或控制葡萄植株的生长发育，达到栽培目的。

1.2.1　庭院葡萄对种植环境要求的生物学特性

庭院葡萄虽然栽培的品种与一般生产栽植的葡萄大体相同，但由于庭院葡萄园艺特定的自然环境条件与不同家庭的栽植目的及爱好，为庭院葡萄园艺增添了不少有别于一般生产栽培葡萄的特色。所以，考虑环境条件时，就必须具体研究庭院葡萄园艺的环境条件特点（图 1-1），认真对待每一种环境因子对葡萄的影响，以便行使相应的技术措施，满足所栽葡萄生长发育的要求，以达到庭院栽培葡萄的目的。

图 1-1　葡萄沿窗前攀缘示意

构成环境条件的生态因子有两类：一是生存条件，如土壤、光照、水分、空气、湿度等，是对葡萄植株直接影响的生态因子，对其生存缺一不可；二是生长条件，如风、地势、土层厚度、地下水位高低等，是间接影响的生态因子。这些条件不能决定葡萄植株生存与否，但对其生长发育起着很大的作用，因此，也必须加以考虑、研究和应对。

上述各种环境条件的生态因子相互联系而又相互制约、单独存在而又综合影响葡萄植株的生长发育。这种综合作用即所谓的"环境条件总体"。在研究葡萄对环境条件的要求时，必须考虑各个环境条件在总体中的作用（栽培措施中如中耕除草、施肥、灌水、栽培方式、植株整理等也在改变着自然条件）。其目的在于认识葡萄与环境条件统一关系的规律，揭示各个环境条件对其生理过程的影响，从而达到利用和控制这些规律，最大限度地满足栽培者的目的。所以，在这方面我们了解得越多，研究得越深透，在行使技术措施时，就会越得心应手，越行之有效，进而也就越发促进葡萄植株的有效生长，达到栽培的预期目的。同时，应通过实施相应的技术措施，改良品种性状和改造环

> 对环境条件中的各个因素在环境总体中的作用，我们研究得越深透，了解得越多，在行使农业技术措施时，就会越得心应手，越行之有效，从而达到栽培欲望。

境条件等途径，使之相互协调更加适应。这就是所谓的认识自然、揭示自然、改造自然的辩证关系。

（1）庭院葡萄适应栽植土壤的生物学特性

土壤是葡萄生长的基地，是为其生长发育提供水分、养分和空气的源泉。创造良好的土壤条件是庭院葡萄园艺的基础，不可轻视。

葡萄是多年生深根性植物，根压大，吸水能力强，能在多种土壤上生长，如盐碱地稍加改良，就可以栽植葡萄。

这里应该提示的是，虽然葡萄根系适应性强，但对不同土壤条件的反应比较敏感。土壤的理化性质（土壤质地、酸碱度、土壤水分、肥沃程度、通气情况等）越优越，越有利于葡萄的生长发育。

庭院葡萄，除盆栽外，多在庭院、零星地块上栽植。庭院和房基地，由于建筑时，往往遗弃或残留一些砖、瓦、石块和水泥、白灰（石灰）残渣，严重影响土壤质地，其既影响土壤耕作，又影响葡萄植株生长，所以必须注意清除。同时，由于庭院人畜活动踩踏频繁，容易造成土壤板结，影响土壤通（气）透（水）性，致使根系生长不良，故应适时松土，增施有机肥。另外，由于人畜随地便溺，以及泼洗碗水、洗衣服水等脏水，常严重影响土壤酸碱度，影响葡萄生长，甚至致死。所以，庭院葡萄在管理时必须注意，以免造成不该有的损失。

（2）庭院葡萄对水分需求的生物学特性

水是植物体的重要组成部分，是体内各种物质转化的媒介。养分运输和运转都离不开水。水分影响和维持着葡萄植株细胞的膨压，若缺水，细胞失去膨压，就会出现萎蔫现象。植物的蒸腾作用中，水分起着不可代替的作用。由于庭院葡萄植株叶片多而大，蒸腾作用强，而根系分布相对较浅，对缺水的反应尤为明显。

> 水是万物生存的源泉。对植物来讲，如同动物的血液。葡萄喜水又怕水（怕涝）。庭院葡萄园艺浇水一般不是问题，怕的是天天浇水，这样会适得其反。

葡萄植株对水分的吸收，取决于土壤的含水量、土壤持水力、根的吸收力及根毛的数量。而庭院土壤，由于基建和人畜活动，其含水量和持水力往往不如野外的土壤，所以庭院栽植葡萄应先行土壤改良，如清除建筑垃圾，必要时进行客土，加强土壤耕作，多施有机肥，以优化土壤性质，增强其持水力，保持相应的含水量。

当然，庭院栽植葡萄也有其相应的优点，即灌水条件远优于"野外"一般葡萄生产园。例如，农村和城郊一般家庭都有水井，加之葡萄栽植面积小、数量少，灌水很是方便。城镇家庭栽植葡萄，楼房都有自来水，而平房无自来水设施的，也多有提水设施，所以缺水灌溉不是问题。问题是要掌握好灌水时期。一般情况下，早春解除防寒，葡萄植株出土后灌一次（催芽）水。芽萌动至开花前若土壤干旱灌第二次水。坐果后若土壤干旱易落果，应灌第三次（保果）水。采果后，结合秋施肥和防寒灌第四次（封冻）水。应注意的是，葡萄既喜水又怕水（涝），果农的经验是"不干不灌，灌要灌透"，千万不可天天浇水，尤其盆栽，这样会导致烂根死秧。我们常看到，有的人在管理盆栽葡萄时，由于过度"珍爱"，恐怕旱了，就天天浇水，结果致使葡萄植株叶片萎蔫，甚至死亡，这是值得注意和借鉴的。若地势较低，尤其7—8月雨季，雨水过多时，应注意排水，以免枝叶徒长，影响浆果着色、枝蔓成熟和安全越冬。

（3）庭院葡萄对光照需求的生物学特性

光是绿色植物所必需的条件。所谓绿色植物的光合作用，就是叶绿素吸收光能，同化二氧化碳（CO_2）和水（H_2O），形成富有能量的有机物质的过程，反应式如下：

$$6CO_2 + 6H_2O \xrightarrow[\text{叶绿素}]{\text{光}} C_6H_{12}O_6 + 6O_2 \uparrow$$

（二氧化碳）（水）　　　　（葡萄糖）（氧）

> 光是绿色植物的生存条件，尤其是葡萄，植株蔓生叶片大而密，对光反应尤其敏感，光线不足，会产生一系列的弊病——徒长、浆果色差、品质低下，有碍开花坐果、抗性降低。因此，庭院葡萄园艺要特别注意葡萄的栽植位置，采取相应的架式，灵活机动地调整植株，充分利用先进技术（如反光膜等）创造良好的光照条件。

从上述反应式可以看出，碳水化合物（如葡萄糖）必须在光的作用下方能形成。葡萄植株叶片大而密，对光的反应敏感，要求较高，故称喜光植物。若光照不足就会影响光合作用，影响碳素的同化，进而引起各种弊病，如枝蔓徒长、叶片瘦弱、色黄、抗逆力降低（如抗寒），有碍开花坐果，浆果着色差，品质降低。所以，针对光照，必须注意栽植位置，采用相应架式，以及相应的枝蔓调整。

光照强弱也影响着温度，所以在栽培管理上必须注意光照的强弱要与温度的高低相协调。若光照增强，则温度相应增加，这有利于光合产物的积累；若光照减弱，则温度就相应降低，而湿度也相应增大，从而呼吸作用降低，有利于葡萄植株代谢的平衡。如果光照较弱，温度又高，必然引起呼吸作用的增强，乃至能量的消耗。

庭院葡萄园艺，由于受房舍、围墙、障子等建筑物的影响，对光线、光源影响较大，高大楼房间隙地段挡光、遮光现象明显，这是在栽植葡萄时必须考虑的问题，如不能距东、南、西面的楼房或墙根太近；由于房舍、围墙、障子等对直射光（太阳辐射直接投射到植株上的光）的利用往往受到限制，而对漫射光（空中灰尘、微粒射出的光，也叫散射光）的利用就显得格外重要。为增加光照，可在地面和后墙铺上反光膜或塑料薄膜，以增加折射光的强度，这是庭院葡萄园艺一项重要技术措施。但应注意，光照不能过强，过强的直射光和折射光，易引起果实的日灼病。

在现代城市楼群中，一层居室前常有一处"花园"，如用于栽植葡萄可在南向进光的边界处用透光的金属网或塑料网与外界分开（图1-2），这样既不影响光的通透，又可明确"花园"的边界（防护网）。

图1-2　房前葡萄园

（4）庭院葡萄对温度需求的生物学特性

温度是葡萄植株生命活动的必要条件之一，一切生命活动（生理生化）过程，无不与温度有关，如在相同条件下，同化碳素的量随温度升高而增加，温度是环境总体中的限制因子，每一个品种都有它自己最低、最高、最适3个基本点，超过最低、最高温度范围，生命活动就会停止，所以在引种和栽培管理时，要特别注意该品种对适温和生长季的要求。

而呼吸作用同样也与温度有如此的依赖关系。同时，其在整个生长发育的环境条件中，对温度反应最为敏感。虽要求年均温度5~18℃，但有它的最低、最高和最适3个基点，超过最低、最高温度范围，生命活动就会停止，甚至死亡，所以温度又是其环境条件诸因子中的限制因子。所谓最适温度，就是在一定范围内，其同化作用旺盛，所制造营养物质超过呼吸作用的消耗，有所积累，生长发育良好，致使浆果既好又多，产高质佳。这是栽培者不争的常识，不必多述。

一般来讲，早春日平均温度10℃、地下30厘米处土温7~10℃，欧亚种、欧美杂交种葡萄植株开始萌芽，随气温的升高，新梢加速生长，适宜新梢生长和花芽分化的温度为25~32℃。气温低于16℃、高于38℃，对浆果发育和成熟不利，品质降低。

庭院葡萄园艺，由于受房舍、围墙、障子等建筑物的影响，通风不畅，又兼人畜活动、炊烟火燎因素的影响，其温度往往比野外高出1~2℃，甚至更高，尤其夏季。所以，就温度而言，这是庭院葡萄园艺的优越性，至于盆栽葡萄，因盆可以随时移动，温度环境就更加宽松。当然，由于庭院通风不畅，往往相伴一些弊病，如空气流通不佳，湿度相对增加，造成高温高湿，致使植株生长不良，影响花的授粉受精，严重者甚至死亡，所以庭院葡萄园艺要特别注意通风。

1.2.2 庭院葡萄的栽培生物学特性

掌握葡萄的生长发育规律及其特性与环境条件的关系，在行使农业技术时就可以得心应手，针对性强，目的明确，少走弯路，避免浪费人力、物力和财力。

庭院葡萄栽培生物学特性，系指家庭院内所栽葡萄的生长发育与园艺之间有关的特性，或称园艺生物学特性。

（1）庭院葡萄根的生物学特性

葡萄的根为肉质根，髓射线发达，导管粗大，根中贮有大量营养物质。

葡萄的根系分实生（由种子繁殖长成的）根系和茎源（扦插、压条繁殖长成的）根系。用作栽培葡萄的根系多为茎源根系，其根系的组成是由埋入土中（地表下）的插（或压）条部分（根干）发生的不定根而构成强大的根系，但无明显的垂直根。葡萄的幼根呈白色或淡黄色，肉质细嫩，幼根末端着生根毛，是吸收水分、营养的器官（图1-3）。

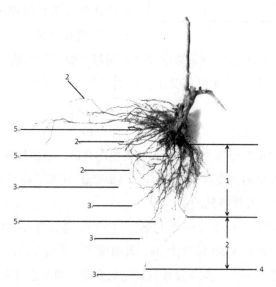

1—根的输导部分；2—吸收区；3—生长点；4—根冠；5—须根。

图1-3　庭院葡萄的不定根系构成

谁都知道"根深叶茂"这个道理，但对葡萄根的生长发育规律及特性却往往忽视，从而造成管理上的盲目甚或失误。

葡萄一般无主根，垂直分布多在20~60厘米的土层内，水平分布又与地上部枝蔓相对应，即架下较多。了解这些，对葡萄的施肥、灌水、土壤耕作、越冬防寒保护均有指导意义。

葡萄根系垂直分布多密集在地表下20~60厘米的土层内。在土层深厚、结构良好的土壤中，根深可达数米。横向分布，一般枝蔓范围大，根冠范围也大。所以，棚架葡萄的根系范围比立（篱）架大，且架下的根系比架后的根系多，形成不对称性，但却与地上枝蔓形成对称性，即所谓地上地下的相关性，这也与棚架下的温度、水分等条件有关。

由于根系庞大，细长根较多，导管发达，所以具有强大的吸收能力，以保证把从土壤中吸收来的水分和营养迅速输送到地上部各个器官中去，促进地上部器官的旺盛生长，这是自然生长状态适应性强的表现。但是庭院葡萄园艺，由于地点等的特定条件，往往限制根系生长范围，如密植、房前屋后、围墙等的障碍，都不利于根系的生长，尤其盆栽。所以，栽培者必须注意针对这一特点，行使相应的农业技术，如进行土壤深耕、增施有机肥、栽植时距离墙根要适当远些。

葡萄根系在环境条件适宜时，可常年生长，据调查，一般当地温达 7~10℃，土壤湿度适宜时，根系就开始活动，当温度达到 25~28℃，土壤最大持水量达 60%~70% 时，根系活动最旺盛。但葡萄的根系抗寒性较差，如欧亚种在 -4℃ 即受冻，欧美杂交种仅能忍受 -8~-6℃ 的低温，贝达葡萄（寒地栽培葡萄的嫁接苗多以此为砧木）能抵抗 -12℃ 的低温，抗寒力强的山葡萄能抵抗 -16℃ 的低温。因此，在吉林、黑龙江等寒地栽培葡萄，即使庭院也需要采取防寒（如埋土或覆盖防寒物等）措施，才能使根系安全越冬。

葡萄插条的不定根主要产生在节上。在空气湿度大、温度高的情况下，多年生蔓上常长出气生根。葡萄根系不易形成不定芽，故不能采取根插繁殖。

（2）庭院葡萄茎、芽的生物学特性

葡萄的茎：特点为蔓生，故俗称为"蔓"，细长而坚韧，一般不能直立。葡萄茎（蔓）有强大的输导系统（导管、筛管），保证水分和营养物质的输送。由于生长部位不同，可分为主干、主蔓、多年生蔓（侧蔓）、一年生蔓（结果母枝）及新梢等。新梢在当年秋季落叶后为一年生枝，经冬季修剪后，至翌年即成为结果母枝，结果母枝上的芽大部分为包含花芽的混合芽，成年葡萄树的新梢均可成为结果枝（图1-4）。主干、主蔓和侧蔓构成地上部骨架，一年生枝和新梢用来结果和延长扩大树冠。

从地面发出单一的树干称为主干，主干分生出的枝叫主蔓（枝），主蔓上着生的蔓为侧蔓，侧蔓上着生的一年生枝，叫结果母枝，结果母枝上着生结果枝，带有叶片的当年生枝叫新梢。由多年生枝上萌发出的新梢称为萌蘖，靠近基部地面处萌发出的萌蘖，可选作更新蔓用。庭院栽培的葡萄，利用萌蘖更新主蔓或补充坏损枝蔓更有着重要意义。

葡萄枝蔓的节特别明显，节内有横隔膜具有贮藏养分的作用。各节上有互生的叶片，有些叶片的对侧着生卷须或果穗（图1-5），果穗与卷须着生位置均在叶片相对位置，但着生卷须就不会着生果穗，着生果穗就不会着生卷须，少数情况下发生卷须上结有几粒果粒的现象，所以究竟是卷须是果穗的变态，还是果穗是卷须的变态，还有待于植物形态学研究定论。叶片的形状、大小、颜色、裂刻的有无、深浅、叶柄的长短、叶柄洼的形状、茸毛及叶缘锯齿的大小等，是鉴别种类和品种的重要依据。

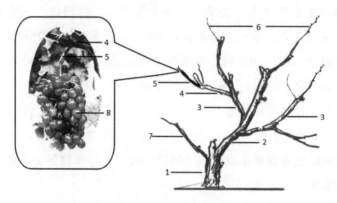

1—主干；2—主蔓；3—侧蔓；4—结果母枝；5—结果枝；
6—新梢落叶后的一年生枝状态；7—萌蘗；8—果穗。

图1-4　葡萄的枝蔓

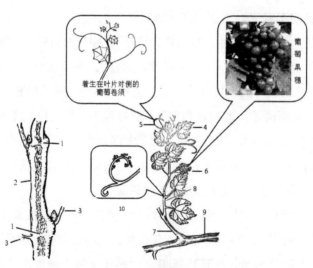

1—节；2—节间；3—叶柄；4—叶片；5—卷须；
6—果穗；7—结果母枝；8—结果枝；9—主蔓；10—卷须带花序。

图1-5　葡萄枝蔓的组成部位名称

一年生新梢：主要从结果母枝发生，还可从老蔓和根干（基部）萌生而出（图1-6），新梢叶腋间抽出的新梢叫副梢或二次梢，在生育期长的我国中南部地区，或在北方由于管理得当，营养条件好时，也可形成花序，这在家庭行设施保护地栽培时，对于二次结果有着重要的指导意义。

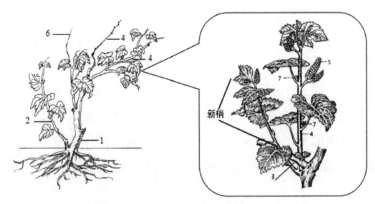

1—根干；2—根干发出的新梢（萌蘖）；3—结果母枝；
4—"结果枝""一年生枝""新梢"实际为同一枝条
（在叶片未脱落前称为新梢；秋冬季节落叶后
称为一年生枝；成年葡萄一年生枝上着生的芽
为混合芽，既有生长枝蔓的叶芽又有能开花结
果的花芽，葡萄一年生枝上着生的混合芽翌
年萌发形成新梢，开花结果的新梢称为结果
枝，着生结果枝的一年生枝又成为结果母枝）；
5—果穗；6—多年生枝发出的新梢；7—冬芽。

图1-6 葡萄不同枝蔓上发出的新梢

葡萄的当年生新蔓，多在开花前后生长最快，每昼夜可延长5～10厘米，此时若营养不足或遇干旱，就会影响正常生长、开花和花芽的形成，进而影响下一年的产量。

葡萄枝蔓极性特别明显（向前或向上生长的特性），根部吸收的水及水溶性营养与通常"水往低处流"的规律相反，具有极强的"顶端优势"，根系吸收的水与水溶性营养强势向顶端与高枝蔓处输送，如控制不当，将会出现前强后弱或上强下弱，甚或光杆现象。因此，栽培者在搭架和夏季植株管理时，要特别注意关注这种特性，尽量控制顶端与下部保持接近水平状态，避免前强后弱和枝蔓光秃现象的产生。

葡萄的芽：葡萄新梢同一节上有两种芽，即冬芽和夏芽。冬芽外被鳞片，除非强度刺激，一般当年不萌发。每个冬芽由中间一个主芽和其周围

芽（叶芽）是繁殖的基础，也是开花结果（花芽）的基础。在管理过程中，对芽的保护和利用，是培养枝蔓和形成产量的技术关键所在。葡萄的整形修剪，实际上就是调节枝芽的关系。所以，对芽的特性要有足够的认识。

数个（3~8个）预备芽组成，俗称"芽眼"（图1-7）。冬芽一般需要通过越冬至次年春才萌发，成年葡萄树的冬芽，既有生长枝蔓的叶芽，也有开花结果的花芽，通常主芽在春季首先萌发，而当主芽损伤时，预备芽即萌发1~2个（其余皆呈潜伏状态）代替主芽。因而在同一节上可萌发2~3个嫩梢。预备芽在营养条件良好时，也可形成花序原基（花芽，但质量差些），美洲种和欧美杂种预备芽发育为结果枝的概率很高。掌握这一特性，对庭院葡萄生产有重要意义，当主蔓的新梢受霜冻或其他原因死亡时，加强植株营养管理，仍可获得一定的产量。

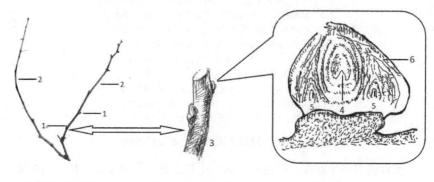

冬季修剪前的枝蔓　　　截取一段一年生枝　　　葡萄冬芽的剖面

1—冬芽；2—落叶后、冬剪前的一年生枝；
3—放大的冬芽在一年生枝上的着生状态；
4—冬芽中的主芽；5—副芽（预备芽）；6—鳞片。

图1-7　葡萄冬芽在一年生枝上着生状态及剖面

夏芽为裸芽，即无鳞片包被，着生于叶腋中，不经休眠，当年即能萌发成副梢。副梢叶腋同样能形成当年不萌发的冬芽和当年萌发的夏芽。

在主干和多年生蔓上，还着生着多年不萌发的潜伏芽，也叫隐芽，当其附近枝蔓受到损害或刺激时，可萌发成新梢，多为发育枝。

开花结果的特性：葡萄的花期，吉林省多在6月上旬。花序在当年抽生的结果蔓3~4节上着生。花序着生情况因品种而异，美洲种多呈连续性排列，而欧亚种和欧美杂交种多呈间隔性排列或不规则排列。凡在着生花序部位而未能形成花序的，则在该部位着生卷须，亦即花序和卷须是同源。在芽形成过程中，当营养充足时，卷须可转化为花序；若营养不足时，花序停止分化而成为卷须。

（3）庭院葡萄花的生物学特性

葡萄一个花芽，可开出数百朵以上的小花，这些小花组成复总状圆锥形花序，即每个花序由200~1500个花蕾组成。花序伸展前，在每一个分枝上有透明的覆盖颖片。

葡萄的花有3种类型，即两性花（完成花）、雌能花和雄能花（图1-8）。多数栽培种都是两性花，少数品种是雌能花，如罗也尔玫瑰、黑莲子、黑鸡心、花叶白鸡心等，栽这些品种应注意配植授粉树。有的野葡萄如山葡萄，多为雌雄异株，即雌株全为雌能花，雄株全为雄能花。

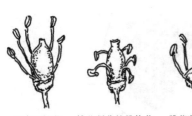

正常两性花　　雄蕊凋萎的雌能花　　雌蕊萎蔫雄能花

a 葡萄花的类型

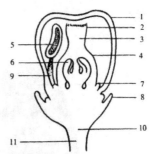

1—花冠；2—柱头；3—花柱；4—子房；
5—花药；6—胚珠；7—蜜腺；8—花萼；
9—花丝；10—花托；11—花梗。

b 葡萄花的纵剖面

图1-8　葡萄花的类型与纵剖面

葡萄花的花冠呈帽状，开花时花冠基部呈瓣状五片裂开，由下向上卷起，与子房分离，然后呈帽状脱落（图1-9）。有的品种有时花冠不裂开，即在花冠内自花授粉，这种现象叫"闭花受精"。

葡萄的花粉粒很小，黄色，借风力或昆虫传粉。因此，庭院葡萄在花期要特别注意通风，并杜绝喷洒杀虫剂，以利于传粉受精。

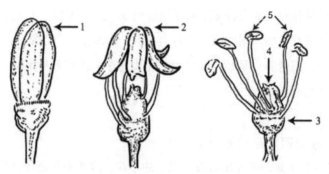

1—花蕾；2—花冠；3—子房；4—柱头；5—花药。

图1-9　葡萄开花时花冠呈帽状脱落

（4）庭院葡萄浆果的生物学特性

葡萄开花授粉受精结实后，花序形成果穗。果穗的形状可分为圆锥形、圆柱形和分枝（散穗）形3种，大部分品种有歧肩（单歧或双歧）或副穗（图1-10）。果穗的形状、大小和紧密度，因品种而异，也与栽培管理条件有关。

1—穗梗；2—穗轴；3—主穗；4—歧肩；
5—副穗；6—果粒；7—结果母枝；8—结果枝。

图1-10　果穗各部分名称

葡萄的果实——浆果，由子房发育而成，食用部分为子房的中层壁（中果皮），即果肉（图1-11）。果粒的形状有圆形、长圆形、椭圆形和鸡心形等，果皮颜色有紫红色、粉红色、紫黑色、黄绿色等色。果粒的大小、形状、颜色等特性，也与品种和环境条件有关。

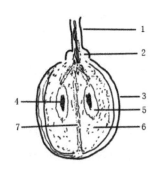

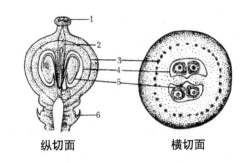

纵切面　　　　　横切面

1—果柄；2—果蒂；3—外果皮；
4—种子；5—内果皮；6—中果皮（果肉）；
7—果心维管囊。

a 果粒

1—柱头底；2—果心维管束；3—维管束环；
4—果心；5—种子；6—果蒂。

b 葡萄果粒的纵横剖面

图 1-11　葡萄果粒及其纵横剖面

浆果的品质，决定于含糖量、含酸量、糖酸比和芳香物质的有无及多少，以及果肉质地等因素。果肉质地可分脆、中、软和有无肉囊等。果粒中的种子一般 1~4 粒。也有无种子的，即无核葡萄。果实在发育进程中，如养分不足，则种子不能正常发育而引起小果现象。尤其在花后

> 在葡萄开花后 20~30 天，如能供给足够的养分、水分和控制养分的无效消耗 —— 及时摘心、除卷须、掐穗尖等，可明显减少小果现象。

20~30 天表现尤为明显，此时供给充足的养分、水分和控制养分的无效消耗，对减少小果现象有明显效果。

葡萄一般有两个生理落果期：一是落花，即花后一周左右（果粒绿豆大小），主要是花器发育不全、受精不良和营养不足引起的；二是落果，即幼果达 3~4 毫米时的落果，主要是营养不足造成的。

正常的生理落花落果现象（一般葡萄脱落 40%~60% 的花蕾）不必担心，因为葡萄花量极大，不可能全部授粉受精而形成果实，需要自然稀疏，即使全部都能授粉受精形成果实，营养也不会满足其发育的需要，这是由其自身生物学特性所决定的。

落果后，果实迅速生长，果粒有一个缓慢生长期，至果粒着色开始而进入第二个速长（高峰）期，此时果皮变软，叶绿素逐渐消失，变得有弹性，酸度下降，糖度迅速增加，芳香物质也在逐渐形成。该期气候条件、栽培管理技术对葡萄品质影响很大。这一时期，若水量适宜，日照充足，温度高，新梢摘心及时等，则浆果含糖量高、色泽好、风味好。因此，庭院葡萄栽培

在管理上应特别重视该期的肥水管理，注意架面调控，通风透光，适时摘心，以促进果实的发育。

1.2.3　庭院葡萄的物候期

葡萄在一年中需要通过生长期和休眠期来完成年周期的发育变化。生长期又分为树液流动、萌芽生长、开花、浆果生长、成熟等分期，直到落叶休眠，每年如此，故称年周期变化。

（1）树液流动期

树液流动期，也叫伤流期，由树液流动开始至芽开始萌发展叶、伤流停止为止。

葡萄植株在一年中的变化如萌芽、开花结果、枝叶生长、花芽分化、果实成熟、落叶休眠等都具有一定的顺序性，而这种顺序性与一年中季节性气候的变化相吻合。我们把这种一年中随季节气候变化而进行的器官形成和生理机能规律性变化称为生物学气候时期，简称物候期。每一物候期都有它自己的特点和对环境条件的特殊要求，所以栽培者必须认真掌握，从而达到事半功倍的效果。

春季当土温达到6~9℃时，大部分品种根系即开始活动，将贮藏的有机营养物质和无机养分向地上部输送。这一时期，从枝蔓伤口流出大量透明液体，故称伤流。所以出现伤流，主要是由葡萄茎（蔓）组织疏松，导管粗大，根从土壤中吸收水产生的根压大（约1.5个大气压）所致。据分析，流出的液体中每千克含干物质1~2克，其中66%为有机物，其余为矿质盐。因此，冬季防寒前修剪是避免伤流、减少营养损失的主要科学依据。

应对该期的农业技术是注意早春适时出土（解除防寒），过早易受冻，过晚易伤芽，并要及时施肥灌水，以供新梢生长之需要。在葡萄出土或施肥时，要注意避免造成新的伤口，以防造成伤流营养物质的损失。

（2）萌芽生长期

萌芽生长期，即从芽眼萌发到开花始期。当平均气温达8~10℃时，大多数品种葡萄芽开始萌发。此期在吉林省为 5 月初至 6 月中旬,具体时期受栽培环境条件的影响,如在庭院内与庭院外、露地与保护地、室内和室外(盆栽)等都大有不同。

葡萄芽的膨大和萌发,是葡萄发育临界期。此期花芽逐渐分化,若营养不足,则花芽分化不良,或成卷须。良好的营养条件可显著提高花芽质量。此期枝条生长量很大,一昼夜可达 7 厘米,甚至更长。所以,此期肥水供应充足与否特别重要。

该期相应的农业技术:解除防寒撤土后,要立即上架绑蔓、施肥灌水,同时注意新梢引缚,使之在架面配置均匀,充分接受阳光,并适时抹芽定枝,以节省养分的消耗,保证其正常生长。

（3）开花期

开花期,即从花冠开始开放(或称脱落)到开花结束(落花止)。东北的中北部地区多在 6 月上旬和中旬。

葡萄开花,位于新梢下部的花序先开,同一花序上则以基部花轴上中间的花蕾先开,尖端开放最晚,大量开花一般是在始花期后 3~5 天。在一天之内,花蕾多在 6~11 时开放,而以 9 时左右开放最多。自花冠正常脱落开始即可受精,其受精能力可保持 4~6 天。据此,对雌能花和授粉不良品种可行人工辅助授粉。

温度对葡萄开花影响很大,一般需要在 20℃以上,适宜温度是 25~30℃,气温越高,开花越早,花期越短。如达 30℃左右受精作用最快,若低于 15℃的温度,则不能正常开花和受精。所以,花期如遇低温或阴雨天气,不但花期延长,还会使其授粉受精不良,影响产量,尤其对雌能花品种影响更大。

此期在管理上除了注意加强肥水外,还应及时定枝和花前新梢摘心,或掐花序尖,并反复控制副梢生长,尽量减少营养物质的无效消耗;改善架面通风透光条件和花序果穗的营养条件,以利于开花坐果。除此之外,必要时可采取人工辅助授粉或放蜂传粉,这对庭院葡萄栽培(通风条件差、昆虫相对少)是应特别注意的环节。

（4）浆果生长期

浆果生长期,即从落花后子房开始膨大至浆果着色开始成熟。此期的长短,品种间差异很大,从 6 月开始可持续 1~2 个月,最长可达 3 个月。

浆果生长大体有两个高峰，第一个高峰是在自然落花落果后，留下的浆果开始迅速生长，这一高峰约持续一个月左右。随后由于种皮硬化、胚的发育加快，细胞数量达最大值，此时浆果生长缓慢。在浆果成熟前，又有一次生长高峰，直至长到该品种的固有大小，但果粒仍较硬，而呈绿色，这次高峰浆果体积的增大，主要是细胞体积的增大（细胞的生长和充满细胞液所致），而非数量的增加。

应注意的是，这一时期与果粒生长的同时，在新梢的叶腋间，进行夏芽、冬芽的形成和花芽分化，形成层活动的旺盛，枝蔓进行加粗生长，有的品种枝蔓开始变色，所以对营养物质消耗较多。

枝蔓生长快慢及好坏，与果实品质成正相关。因此，除去无用副梢，控制肥水，尤其氮肥，适时摘心，并增施磷、钾肥，既可提高果实品质，又能促进枝蔓老熟。

该期要注意满足其对营养的需求及通风透光条件，控制枝蔓生长，加强架面管理，如适时新梢摘心，去副梢绑蔓等；加强肥水管理，适当增施磷、钾肥；适时中耕除草，加强病虫害防治，以保证浆果和植株生长正常。

（5）浆果成熟期（生理成熟期）

浆果成熟期（生理成熟期），即从浆果着色变软至完全成熟。东北的中北部地区早熟品种于7月下旬至8月中下旬成熟，中熟品种多在8月下旬至9月上中旬成熟，晚熟品种多在9月下旬到10月上旬成熟。

此期果粒停止增大，浆果变得柔软，果皮富有弹性而有光泽，浆果内含糖量（以葡萄糖和果糖为主）迅速增加，酸和单宁含量下降。果实大小、色泽、风味具有本品种固有特性。

此期由于浆果大量累积糖分，新梢停止生长，但尚未成熟（未木质化），芽子继续进行分化，根系也在贮藏养分。所以，要进行适时摘心，增施磷、钾肥，并要保护好叶片，使之仍保持好光合作用，以提高葡萄的含糖量，且可促进成熟。但此期如不干旱，尽量少灌或不灌水，以防裂果；若雨水大，应进行排水，否则会降低浆果糖分和品质。盆栽尤其要控制好水分管理。

（6）新梢成熟和落叶期

新梢成熟和落叶期，即由新梢基部逐渐变褐色起到正常落叶为止。此期养分开始向枝蔓转移，淀粉累积增加、水分减少，木质部、韧皮部和髓射线的细胞壁变厚而木质化，韧皮部外几层细胞变干而成树皮。

由于秋季气温降低，叶中的叶绿素分解，叶片变黄或红，叶柄基部形成离层而叶片脱落。东北的中北部地区生育期短，多数品种不能自然落叶。而往往被早霜打落。当气温继续下降时，在树体中发生着一系列的生理生化变化，枝蔓中积累的淀粉，迅速转化为糖，游离水减少，结合水增加，抗寒力增强，这个过程即所谓的"锻炼过程"。

> 经验证明，葡萄枝蔓成熟的好坏，与翌年产量有密切关系，一般来讲，枝蔓成熟早，成熟得好，花序形成得早且好。抗逆性和越冬性也强。故应及时摘心，控制营养生长，适时早采收，增施磷、钾肥。

新梢的成熟度及其以后的锻炼与抵抗寒冷能力有密切关系。新梢成熟得好或越冬锻炼得好，抗寒能力就强，否则就弱。

庭院葡萄栽培，在该期应采取有效措施，促进新梢及早成熟，如及时摘心，控制营养生长，适时采果或适当提早采收，增施磷、钾肥等。

（7）休眠期

葡萄落叶后即进入休眠期，直到次年树液开始流动时为止。其又可分为自然休眠和被迫休眠。一般习惯上将落叶视为自然休眠的开始标志。而实际葡萄新梢上的冬芽进入休眠状态要早得多。多数品种大致在8月间新梢下部充实的冬芽即已进入自然休眠状态，至翌年1—2月即可结束自然休眠。这里应强调说明的是，在北方寒冷地区，通常到春季温暖前就结束自然休眠而转入被迫休眠状态，气温一旦上升就会全部发芽。所以在管理上要特别注意早春回寒所造成的伤害。

> 休眠期在早春的管理上要特别注意早春回寒所造成的伤害。即解除防寒后先不要马上上架，待气温稳定后（晚霜过后）再上架，以免晚霜冻害。有条件的最好解除防寒后灌一次透水。

还应注意的是，在庭院葡萄栽培中，尤其盆栽或保护地栽培，往往在未完全打破休眠的情况下就开始生长，此时树体内残留着休眠的影响，或萌芽不整齐，或叶小而生长不良，从而导致开花结果不良。

　　该期相应的农业技术：在促进葡萄枝蔓充分成熟的基础上，落叶后必须及时进行冬季修剪（因为防寒前如不修剪，翌年去除防寒土后，树液已开始流动，春季修剪在剪口处可产生伤流，造成葡萄树体不必要的水分与营养流失），及时下架，做好防寒保护工作。埋土防寒的要经常检查，如发现有裂缝要及时埋上。盆栽葡萄要连盆放在 $0℃$（不低于 $-5℃$，不高于 $6℃$）左右的地方，如菜窖、地下室或走廊等处，以免受冻或早发芽。

2　庭院葡萄的种苗培育

庭院葡萄园艺常用的葡萄苗木有两个来源：一是外购苗木；二是自己培育苗木（后有专题详述）。在外购葡萄苗木时，除认定、明确品种外，首先要看是嫁接苗还是自根苗。嫁接苗可明显地看到接口和愈合组织。一般外买的嫁接苗都带着嫁接时绑缚的塑料薄膜条，选苗时要注意接口完全愈合，枝蔓要充分成熟，粗度在0.6厘米以上，长度在20厘米以上，芽眼充实饱满无破伤；根系要有4条以上，粗度在0.3厘米以上，长度20厘米以上，且新鲜无干缩现象。

> 种苗是栽培葡萄的根本，不但要品种纯正，而且苗要强壮，无病虫。家栽葡萄，不必拘泥苗木来源，只要保证质量即可。外引不如自育，省钱又放心，还能从中得到乐趣，何乐而不为。

如买半成苗，要注意接穗的顶部有萌动芽或生有强壮的新梢，没有机械损伤，接口要求完全愈合，并有较多的愈合瘤。长度1厘米以上的新根3条以上。半成苗，由于根系细嫩，栽植时要特别注意精心细致，并加强管理。

买嫁接苗时，还要注意砧木的真伪，因为苗木的砧木很难分辨，若砧木不是所要求的砧木（如为提高抗寒力，砧木应是山葡萄或贝达），那么这个苗木就失去了嫁接的意义，而造成不该有的损失。

苗木一般都是春天栽植。如果是秋天买来的苗木，可放在冷凉的地方（如菜窖、地下室、走廊等处）用湿沙或湿土埋上；如果是春天买的苗木，又不能马上栽（定）植，需要假植保存，假植时，把苗木斜立在冷凉的地方，用湿沙填充埋好（底下要先放一层湿沙）。不论是秋天还是春天买来的苗木，贮存时都要注意检查，防止风干、发霉和鼠害。

外购自根苗时，除无接口要求外，其他均与嫁接苗相同。

2.1 扦插、压条苗木（自根苗）的培育技术

2.1.1 葡萄自根苗的生物学特性

由扦插、压条繁殖出来的苗木，统称为"自根苗"。自根苗根系在庭院葡萄园艺中应用最为普遍，培育过程简单，栽培管理时又不用人工断除接穗发生的根，而且生产势能高。根据笔者多年来的调查研究表明，从地上部枝蔓生长来看，自根苗明显优于嫁接苗；从枝蔓成熟度来看，幼树两者相近，5年以上自根苗好于嫁接苗（表2-1、表2-2）；从根系生长和分布来看，自根苗生长速度快，大根也多于嫁接苗。就分布来看，自根苗根系分布深，但水平分布范围小，而嫁接苗根系分布浅、范围大且须根多（直接影响抗逆性和适应性）（图2-1、图2-2）；从树体营养和结果性能看，自根苗也优于嫁接苗（表2-3至表2-5）。

> 自根苗苗木培育方法简便，生长速度快，栽植后植株生长健壮，生产性能好，具有一定的抗寒生理基础，适于庭院栽培。

表2-1 一年生巨峰葡萄的新梢生长量

调查时间		嫁接苗		自根苗	
		生长量/厘米	净增量/厘米	生长量/厘米	净增量/厘米
1990.6.21		21.20		13.53	
1990.6.25		26.03	4.83（26.03~21.20）	20.10	6.57（20.10~13.53）
1990.7.6		42.20	16.17（42.20~26.03）	38.40	18.30（38.40~20.10）
实验结果	净增量/厘米	21.00（42.20~21.20）		24.87（38.40~13.53）	
	净增长率	99.06%（21.00÷21.20）		183.81%（24.87÷13.53）	

资料来源：吉林农大果园。

表2-2 巨峰葡萄新梢生长情况

调查时间	苗别	树龄	新梢长度/厘米	新梢粗度/厘米	成熟节数
1990.10.6	自根苗	一年生	162.0	0.93	15
	嫁接苗		85.9	0.72	16
1990.10.17	自根苗	五年生	142.8	1.47	14
	嫁接苗		84.0	1.18	8

资料来源：吉林长春郊区合心乡果园。

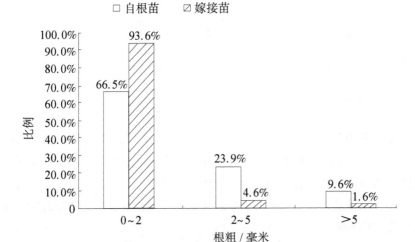

图 2-1　五年生巨峰葡萄不同根粗的比例

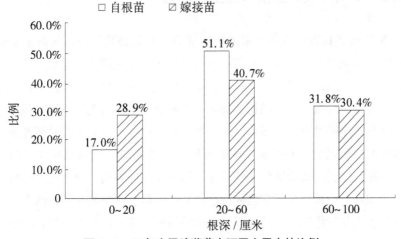

图 2-2　五年生巨峰葡萄在不同土层中的比例

表 2-3　二、三年生巨峰葡萄的产量

树龄	自根苗		嫁接苗	
	单株产量 / 千克	穗数	单株产量 / 千克	穗数
二年生	3.40	7.6	3.45	7.0
三年生	19.75	28.6	19.35	39.5

注：10 株平均。

表 2-4　巨峰四年生单株产量（1992 年）

苗别	单株产量 / 千克	平均穗重 / 克	量大穗重 / 克
自根苗	31	400	600
嫁接苗	26	360	760

表 2-5　巨峰不同树龄的产量　　　　　　单位：千克 / 亩

树龄	自根苗	嫁接苗
3 年	570	420
4 年	890	740
5 年	1210	1100

　　笔者调查研究结果显示，葡萄自根苗栽培，植株生长健壮，丰产性能好，具有一定的抗寒生理基础。近年来栽培方式的改进，自根苗栽培可广为利用。当然嫁接苗也有自身的优点，如利用抗寒砧木提高抗寒力这一点不可非议。但由于庭院葡萄园艺多为集约化栽培，而数量又少，尤其盆栽，对抗寒要求并不严格。

2.1.2　葡萄扦插、压条繁殖生理基础

　　葡萄枝蔓具有产生不定根的再生能力，这是葡萄扦插、压条繁殖的生理基础。植物的本性，就是其某一部分甚至个别细胞都有生理独立性，或者说，植物的某一器官或个别细胞能重新分化发育为一个新个体，具有恢复丧失了的器官、长成一个新植株的特性，这种现象我们称为"再生作用"。这是植物有机体经过自然选择或人工选择（栽培植物）而适应外界环境条件繁衍后代的一种特性，是扦插、压条繁殖的生理基础。植物细胞具有两种特性：一种是生成与其相同植株的特性，如茎生茎的细胞、根生根的细胞、叶生叶的细胞，植物生长就靠这种特性；另一种是生成与其相异者的特性，如茎细胞生成芽的细胞、花的细胞，受精卵细胞生成胚的细胞、胚乳细胞、胚根、胚芽的细胞等，自根苗的繁殖就是靠这种特性来完成的，如茎生根。而葡萄除山葡萄的扦插、压条较难生根外，一般家栽葡萄都很容易生根。

　　当葡萄扦插或压条后，首先形成根原始体，然后生成不定根。根原始体是由维管素鞘形成层产生（形成层和髓射线的交叉点）。扦插或压条的根与愈合组织可相继发生，但愈合组织并非生根的先决条件，愈合组织也并非根的原始体。

2.1.3　影响扦插、压条成活的因素

（1）内在因素

繁殖材料（枝蔓）年龄的大小、充实程度、所处位置等，对扦插、压条

葡萄扦插育苗生根的关键，除插条自身条件（品种、年龄、成熟度）外，温、湿度极为重要，10℃以下不能生根，10℃以上温度越高发根数量越多，生长越快，25～28℃最宜；基质湿度以手握成团、指缝见水而不滴水为度，水多易霉烂，水分不足而干枯。空气湿度大，有利于生根。

生根都有重要影响。一般幼龄枝蔓比成龄枝蔓容易生根，即一年生枝蔓比二年生枝蔓容易生根，三年生枝蔓生根就比较困难；同一插条上，一般在插条基部容易生根，若倒插就难以生根，这主要是极性影响；在部位上，一般是在节上容易生根，而节间生根较差，这主要是在节上贮藏的营养多的缘故。因此，采取插条应在其营养较多时，采用生长充实（成熟度好）的插条。压条也应选用粗壮充实的一年生枝蔓。

（2）外在因素

一般基质（土壤）疏松、通气良好、温度高（20～28℃）有利于生根。一般在10℃以下不能生根，10℃以上根的发生数量和生长速度随温度升高而增加和加快，25～28℃为生根的最适温度。湿度对生根影响极大，水分过多易霉烂，水分不足而干枯，空气湿度大有利于生根。

2.2 葡萄扦插苗木的培育技术

2.2.1 葡萄硬枝扦插苗木的培育技术

扦插育苗用材少，繁殖系数高，操作、管理方便，是当前葡萄繁殖的主要方法之一，尤其庭院葡萄园艺。

（1）插条的采集时间

一般多在秋末冬初，葡萄落叶后埋土防寒前，结合修剪进行。具体时期，东北的中北部地区多在10月中下旬。庭院葡萄园艺，因栽培数量少，也可在春季解除防寒后、树液流动（伤流）前进行采取，这样可减少冬贮的麻烦。

（2）插条选择

插条的母株一定是欲选品种纯正、枝蔓生长健壮、结果正常、无病虫害的一年生枝蔓，剪成长 60～100 厘米（5～8 节）。欲选作插条的枝蔓，应粗细适中（0.7 厘米以上）、充分成熟、节间长短适宜（12 厘米左右为宜）；节间过长，表明生长过旺，组织不充实；节间过短，则往往是营养不良造成的，对成苗不利。

（3）插条的贮存

秋末剪取的插条，不能立即进行扦插，需要进行贮存，待翌春进行扦插。由于庭院葡萄园艺，一般用苗量都比较少，不必像正常生产那样（大宗育苗用量多）挖沟或挖窖贮藏，只要使其不抽干、不发霉，保持新鲜状态即可。一般是先将采集下来的枝蔓捆好，用湿土暂时埋上，以防风干。冬天贮藏，可将插条装在木箱或塑料箱内用湿沙或湿锯末埋好，放在冷凉的地方，如菜窖、走廊、地下室等。温度控制在 0℃左右为宜，其温度变化范围不宜超过 ±5℃（即 -5～5℃）。温度过高，枝条呼吸强度增强，消耗养分多且易生霉，影响扦插后的生长；温度过低，芽眼容易受冻害。沙子或锯末的湿度，以手攥成团、手指缝见水而不滴水、松手稍触即散为度，需要注意的是，应使每一枝蔓都有湿沙或湿锯末接触。

在贮藏期间，应注意经常检查，切忌放之弃管，如发现埋枝条用的沙子（或锯末）干燥时，要及时喷水，若湿度过大，枝条有发霉现象时，要进行通风。若插条用塑料布包裹，则应扎孔通风，以免捂芽、发霉。

（4）插条的剪截

春季扦插前，将贮藏的枝蔓取出后，先在室温条件下，用清水浸泡 2～3 天，然后进行剪截（也可先剪截后浸泡）。多芽插时，剪成 2～3 个芽子的插条，一般长 20 厘米左右。上端剪口距芽眼 1 厘米左右，下端剪口与芽之间距离关系不大。上端剪口要剪成平茬，下端剪口要剪成斜茬。

若品种珍贵稀缺，繁殖材料（枝蔓）少时，可行单芽插。剪截单芽葡萄插条时，下端节间应尽量留长（6 厘米以上，直径 0.6 厘米），以保证插条有相应的长度，增加生根部位，以利于成活，提高成苗率。

（5）催根育苗

为提前扦插，增加当年的生育期，提高新生枝蔓成熟度，在北方多不直接扦插在栽植地，而是先进行催根（俗称育苗），待生根长叶后再扦插（移植）到栽植地（庭院或盆中）。当年育苗第二年栽植的，生产上称为"成（品）苗"。其方法有以下几种。

①温热处理。即将插条置于 20~25℃的环境中,在保持一定湿度(多用湿锯末或洁净湿沙)的条件下进行温热处理。小宗生产多采用电热温床、火炕温床、马粪温床、温室处理等方法。而庭院葡萄园艺,一般用苗量都比较少,且多数是从外面购买,很少自己育苗。但为了确保品种纯正,苗木质量好,自行育苗实为上策,而且也比较简单。下面介绍几个简而易行的方法。

箱式法催根育苗。将剪截好的插条放在木箱(塑料箱或其他容器)中,横放、竖(立)放均可,以竖放为好,有利于生根且较整齐,但一定使每个插条都要有湿锯末(或湿沙)接触。放时注意箱底先要铺一层湿锯末,然后分层摆放。立放时要芽眼向上,生根部位朝下。横放时以 3~5 层为宜,层次太多,中间容易发热,烧坏插条。插条摆放后,最上边再覆盖 3~5 厘米厚的湿锯末(图 2-3),有条件的可盖上塑料薄膜保湿保温。然后放在20~25℃的环境中,如暖气旁、窗台、炕头、温室等。要注意经常检查是否干燥,温度是否保持在 20~25℃。

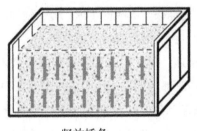 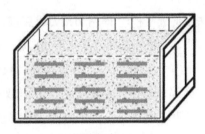

a 竖放插条　　　　　　　　b 横放插条

图 2-3　箱式催根育苗

盘式法催根育苗。量少时采用。方法与箱式法基本相同,所不同的是插条极少,十几支甚至是几支,均横放在装有湿锯末或湿沙的盘(木盘、磁盘、塑料盘)中,基本是摆放一层,插条间上、下、左、右均有湿锯末或湿沙填充,最后上边覆上塑料膜,以保温保湿(图 2-4)。

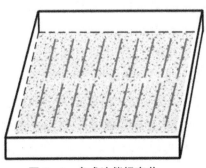

图 2-4　盘式法催根育苗

在插条量少，甚至仅几根又无箱、盘之类容器，可用塑料薄膜包盖法进行催根育苗，即用塑料薄膜包盖湿锯末或湿沙，将葡萄插条包藏在其中，然后放在 20~25℃的环境中。需注意的是更要注意保温保湿，同时要将塑料膜适当打孔通气，以免发霉。

②药剂处理。为促进生根，生产上常将插条进行药剂处理。能促进葡萄插条生根的化学药剂很多，常用的有吲哚乙酸（IAA）、吲哚丁酸（IBA）、萘乙酸（NAA）、α–萘乙酸（α-NAA）、生根粉（ABT）等，浓度以 0.005%~0.01% 浸泡插条基部 2 厘米 12~24 小时，然后再行催根育苗，千万注意切忌药剂接触顶芽。

> 药剂处理和刻伤，目的都是激活细胞的生理活性，是促进生根行之有效的方法。使用药剂浓度不能过大，刻伤也不宜太深，达到目的即可。否则，不仅无益，而且有害。

③刻伤处理。利用刻伤刺激的方法来促进生根。即用切接刀或芽接刀在插条基部顺向（纵、竖）划破皮层至木质部（根原基即可从此伤处形成、产生），然后进行扦插育苗。

插条生根长叶后，可直接栽到栽植地，但要注意保护，因这种苗木的根、叶都很幼嫩，容易受到伤害。故一般都将生根（根尖破皮层 0.5~1 厘米）长叶（刚冒芽）插条栽在小花盆或塑料钵（杯）中，继续培养成壮苗，到 5 月中下旬再移栽在栽植地；当年育苗当年栽植的这种幼苗均属半成苗，如果将半成苗移栽到苗圃或小面积的育苗地继续培养，到秋天长出成熟的枝蔓，来春进行栽植，这种苗称为"成（品）苗"，一般生产上大面积栽植的多为这种成品苗，栽植成活率高，而且苗期由于面积小、苗木集中，故管理也比较方便。

2.2.2　葡萄绿枝扦插苗木的培育技术

绿枝扦插育苗，在生产上就是利用葡萄夏季修剪下来的大量弃之无用的嫩绿枝条（新梢和副梢）进行扦插培育自根苗的方法。笔者曾在 1980—1983 年的 4 年中，反复进行多品种多次的葡萄绿枝扦插试验，结果表明：用夏季修剪下来的"废"绿枝条（新梢和副梢），进行绿枝扦插育苗，在生产上是可行的。若管理得当，生根率可在 90% 以上，成苗率可达 80% 以上，枝条利用率可达 70% 左右。与硬枝育苗相比，提前一年成苗，而且在一年内繁殖时

绿枝扦插成活的关键在于：

①插条必须保持新鲜；

②气温保持在 18~30℃（适宜温度 18~25℃）；

③插条叶片始终保有雾滴；

④适当遮阴；

⑤生根后及时精细移植。

间长，一般从 6 月初至 7 月中旬均可进行扦插育苗，管理简单，省工省力，经济效益高。

庭院葡萄园艺进行葡萄绿枝扦插育苗，更有其特殊意义，如有的葡萄品种利用硬枝扦插生根率较低，则利用绿枝扦插就比较容易生根；另有的品种较为珍奇，不仅价格昂贵，而且索取困难，如取其（修剪下来的）绿枝，回来自己进行扦插就容易多了。

（1）绿枝插条采集时间

由于绿枝扦插多是随采随插，即插条采集时期和扦插时期是同一时期。以 6—7 月为宜，东北的中部地区插条至 9 月中下旬可完全成熟，以利于安全越冬，8 月以后扦插虽然可生根，但生根后至 9 月中下旬初霜来临前，绿枝插条尚未成熟，在冬季即使采取防寒措施，也难以存活。

（2）插条剪取及处理

在选定优良品种健壮的母株上，选取半木质化和稍木质化的新梢和副梢，保留叶片并注意保鲜（放在水桶里或用塑料薄膜包裹，量少，可放在冰瓶或暖瓶里）。

插条剪取长度为 10~15 厘米，节间长的取 1 节，使芽位于顶端，上端在节上 0.5~1.0 厘米处剪成平口，下端剪成斜口；节间短的剪取 2 节，每个插条均留 1 个叶片，若叶片过大可剪去 1/3。若叶腋间带有雏梢并有 2~3 个叶片展开，应尽量保留，这有利于缓苗，开始生长快而旺盛。但雏梢过小，往往扦插后脱落，影响冬芽萌发，故应除去，促使冬芽提前萌发。插条剪截后配以适当药剂处理，然后插入基质中。

（3）药剂处理

当前常用的药剂有萘乙酸（NAA）、吲哚乙酸（IAA）、吲哚丁酸（IBA）等，浓度以 0.01% 进行速浸（3~5 秒钟）基部（2~3 厘米），即可达到促进生根的作用。

笔者在多年的实验研究中得出的结果表明，用生长调节剂NAA、IAA、IBA处理插条，可以促进生根，提高生根率。但这些生长素之间对促进生根的作用差异不显著，浓度之间作用效果差异也不显著，一般0.005%~0.05%都有促进生根作用（表2-6至表2-8，图2-5），所以，庭院葡萄园艺用绿枝扦插育苗，采用低浓度的NAA即可，不仅药源广，而且价格便宜、效果稳定。

表2-6 不同激素对绿枝插条生根率的影响（1983年）

药剂	浓度	生根率	
		贝达	巨峰
NAA	0.025%	90%	95%
	0.05%	96%	100%
	0.1%	100%	92.5%
IAA	0.025%	92.5%	92%
	0.05%	98%	98%
	0.1%	92%	94%
IBA	0.025%	100%	100%
	0.05%	100%	100%
	0.1%	100%	98%
CK	清水	90%	88%

这里应强调说明的是，葡萄枝蔓再生能力较强，用绿枝扦插育苗，在温湿度控制较好的情况下，不用激素处理，同样可以获得较好的生根率。

表2-7 IAA不同浓度对绿枝插条生根率的影响（1983年）

品种	处理浓度	生根率
早玫瑰	0.005%	96.67%
	0.05%	100%
无核红	0.005%	100%
	0.05%	100%
巨峰	0.005%	93.33%
	0.05%	96.67%

表 2-8 激素对葡萄绿枝插条生根速度的影响（1982 年）

处理	无核红		早玫瑰	
	插后 7 天	插后 15 天	插后 7 天	插后 15 天
0.025% NAA	65	100	65	100
0.025% IAA	60	95	70	100
0.025% IBA	70	100	75	100
CK（清水）	10	75	15	85

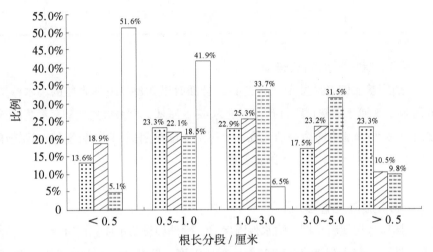

图 2-5 激素对绿枝插条生根影响与对照比（无核红葡萄）

（4）基质的准备

葡萄绿枝扦插育苗，不是将绿枝插条直接扦插在土壤中，而是插在通透性较好的基质中。常用的有炉灰（沸腾炉灰或细炉渣）、洁净河沙等，将其均匀铺在插床内，厚度为 7~10 厘米。然后浇透水，即可进行扦插。

关于基质，在一些资料介绍中还有多种，如珍珠岩、蛭石等，笔者就此也进行了多次试验，结果表明，所用 4 种基质对生根的影响差异并不显著（表 2-9）。但珍珠岩质轻而疏松，吃水力差，固着性不好，插条容易倾倒，喷水时易被冲走，且来源不便。蛭石来源也较缺乏，价格又贵，不便采用。炉灰和河沙不仅来源广泛、经济，而且固着性好，保水力适中，所以便于采用。河沙与炉灰相比，河沙遇水坚固性强，起苗时易伤根，沙里常夹有黏土和腐殖质，若清洗不净易引起插条变色发霉；而炉灰无上述缺点，又因燃烧时自然灭菌，所以利于生根，但需选用细炉灰（过筛），或采用沸腾炉炉灰。

表 2-9 不同基质与葡萄绿枝插条生根率的关系（1982年）

品种	基质	调查株数	生根株数	生根率
贝达	炉灰	30	30	100%
	河沙	30	29	96.67%
	珍珠岩	20	19	95%
	蛭石	20	20	100%
巨峰	炉灰	60	53	96.67%
	河沙	40	30	97.5%
	珍珠岩	20	18	90%
	蛭石	20	19	95%

（5）绿枝扦插的插床

插床基质铺好后整平、灌透水。扦插时以 0.8~1.0 厘米粗的小木棒按 6 厘米 × 8 厘米的株行距打孔，深度为 4~6 厘米，再将事先把基部浸蘸好激素（生长调节剂）的插条插入孔内（药剂要随蘸随插），然后埋好，轻轻压实，并及时在叶片上喷水，以防萎蔫。

（6）温湿度管理

插床采用塑料小棚、喷水保温保湿，棚外架设苇帘或秫秸帘遮阴，以免强光照射。气温保持在 18~32℃，基质温度一般在 20~28℃。空气湿度不低于 85%，一般保持在 90% 左右为度，即始终保持叶片上有雾滴为宜。

插后 2~3 周进行检查，随将生根的插条（苗木）移植于花盆或直接移植于有遮阴篷的露地，绿苗一周左右去篷，培育成苗。

在温湿度管理上，要强调的是湿度，因为一般葡萄绿枝扦插都是在 6 月上中旬至 7 月中旬，在塑料棚或温室条件下进行，基质温度和气温都是够用的，主要是防止高温。但若一时没有控制好，出现短时间的高温，只要湿度控制好，也不必担心。如在我们过去的试验实践中曾遇到过中午温度高达 37℃，由于湿度控制得好，仍获得 100% 的生根率。所以，在绿枝扦插的温湿度管理中，湿度是关键。这是因为绿枝扦插时带有叶片，蒸腾量大而又无根系吸水补充，所以极易萎蔫，从而影响生根。因此，绿枝扦插要有足够的空气湿度，即使叶片经常保持有雾滴为宜，低于 80% 就有萎蔫现象发生。基质也应保持相应的湿度，但不能湿度过大，大了易使根系窒息霉烂，一般以手握成团而不滴水、一触即散为度。

这里还应强调指出，在管理过程中短时间的高温，即使达到37℃，只要湿度控制得好，也不会出问题。但温度过高必然造成蒸腾量过大，加之在遮阴条件下，势必增加呼吸强度，而呼吸的最后结果正好是光合作用的反对面，会严重影响插条的生根。所谓适宜温度，就是在一定围内的温度。在葡萄绿枝扦插中，基质温度应控制在25~28℃，气温以略低于基质温度为好，但在实际管理上是很难做到的，笔者通过试验实践认为气温在18~30℃的范围内，均可获得较好的生根效果。

（7）光照的管理

由于葡萄绿枝扦插插条带有叶片，所以适当光照对绿枝扦插具有特殊意义。我们的实验表明，在生产条件下，采用塑料小拱棚外架设苇帘或秫秸帘遮阴，即可使其内光照为无遮阴自然光照的30%~50%（光强一般在5000~10 000 lx），达到预期目的（葡萄在室内生长光补偿点为5000 lx，光饱和点为32 000 lx）。这样进入棚内的光多为散射光，光能利用率也高，适合绿枝扦插插条的需要。

（8）通风换气

在塑料小拱棚条件下进行葡萄绿枝扦插，进行适当通风换气也是不可忽视的。由于塑料棚内温度高、湿度大，特别是中午，如不适当通风换气，叶片往往黄化，严重时脱落，必然影响生根。

（9）绿枝扦插生根后的移植

由绿枝扦插生出的不定根，十分娇嫩，所以移植时要特别注意保护好根系。

为节省插床的利用率，插条生根后应及时进行移植，根长以1厘米左右为好，一般不宜超过2厘米，长了不仅过于消耗体内营养，而且容易碰伤，不便操作，影响缓苗和成活率。

（10）整地

露地移植前需进行细致整地，土壤以疏松土壤为宜，并要施好腐熟厩肥。若盆栽，最好配制营养土。笔者采用马粪、沙、田土，比例为1:1:1，或以田土、大粪土、草木灰各占1/3，效果较好。

起苗时要注意防止风吹日晒，苗起出后应暂放在盛水的容器（盆、桶）

中，随起随载。移植后的前几天要进行适当遮阴，以利于缓苗。

在庭院葡萄园艺中，由于苗量不多且插床不急于他用，可采取不移植就地培育壮苗，这样成苗率高（表2-10）。

表2-10　山葡萄就地苗与移植苗成苗率比较（1986年）

调查单位	苗别	调查株数	成苗株数	成苗率	备注
吉林省农业学校	不移植（就地）	100	99	99%	6月28日扦插，7月18日移植，10月8日调查
	移植	100	83	83%	
吉林省蚕研所	不移植（就地）	32	30	93.8%	6月20日扦插
	移植	32	29	90.6%	

（11）就地培育壮苗

应注意扦插基质不易铺得太厚，以利于插条生根后很快就深入到基质下边的土壤中，检查生根后要注意适时补肥，可施腐熟豆饼水或0.3%~0.5%的硝酸铵、尿素、磷酸二氢钾等。

2.2.3　葡萄硬枝水插苗木的培育技术

由于葡萄枝蔓再生能力很强，只要温湿度条件合适，就很容易产生不定根，在生产实践中，我们经常看到葡萄架下靠近地面湿度较大的地方，葡萄枝蔓上产生出不定根——气生根。有人受此启发尝试利用硬枝水插方法繁殖葡萄苗木，并在有关报刊上发表了题为"采用硬枝水插的方法繁殖葡萄苗木"的文章。笔者也曾在实验室和家里做过多次试验，葡萄硬枝水插确实可以生根，但必须严格控制好温湿度，尤其是通气条件。所以，笔者认为目前采用硬枝水插方法来大量繁殖葡萄苗木，技术尚不成熟，故不宜轻率采用。但庭院葡萄园艺由于用苗量少，管理方便又易于精细，故可以考虑采用硬枝水插方法来培育葡萄苗木。

（1）硬枝水插插条采集时间

插条选取、贮存方法同一般硬枝扦插。但应强调，葡萄硬枝水插可在生长季随时进行，故可随时取其硬枝（如看到某葡萄园有好的品种）进行水插，但应注意，水插生根后到培育成苗至入冬，其生育期是否够用，即应考虑其入冬前能否培育成苗。

（2）插条的剪截

葡萄硬枝水插插条长度，一般多在 20 厘米左右，即留 2～3 个芽，其他处理（如刻伤、药剂处理）同一般硬枝扦插。

（3）硬枝水插的盛水容器及条件

罐头瓶、烧杯、茶缸、塑料杯、塑料桶、盆等均可，但均要清洗干净。

用水以清洁的河水、井水等自然水为宜。如用自来水，需要进行净化 2～3 天（即所谓"困水"），因自来水中含有消毒剂，特别是氯气，对葡萄扦插生根不利。

水困好后即可放入容器中，水深以 2～3 厘米为宜，水装好后，即可将剪截好的插条立放在容器的水中，然后将其放在温暖的环境中。

水温最好控制在 20～25℃，如水温高于气温，效果会更好。这就说明容器放在什么地方，非常重要。

插条虽然是插在水中，但在水外边的部分，如控制不好也往往会干枯，故应适时适当喷水，或将容器上边适当盖上，以减少水分蒸发，但不能盖得太严而影响通气。

水插管理的关键是适时通气，否则插在水里部分容易变黑而霉烂。通气办法：可将容器拿起，轻轻摇晃，也可用通气管进行人为通气。

因硬枝水插所用的水不是营养液，所以水就显得至关重要，一定要定期换水。笔者通过实验显示，容器里的水超过 3 天就会浑浊变质，影响插条生根。所以，葡萄硬枝水插应每隔 2～3 天就要换水一次。换水时仍要用困过的水，且温度要基本相近。换水动作要轻，特别是有幼根出现时，避免伤根。

当发现插条不定根生出后长至 1～2 毫米时，即应及时移植在事先准备好的花盆中（盆土如前配制的营养土）。由于水插生出的不定根尤其幼嫩，极易碰断，故在移植的整个操作过程中都要特别小心，动作要轻而迅速。

移植后要注意浇透水，并放置在背阴处，待其萌芽长叶后，再逐渐移放到有阳光的地方。

2.2.4 葡萄绿枝水插

葡萄绿枝水插与硬枝水插原理及技术相同，均为庭院葡萄园艺工作者最适用的一种苗木繁殖方法，因为水插繁殖数量可多可少，葡萄种植者只要发现任何一株葡萄果实好、产量高，随时可在6月中旬至7月中旬将欲采集的新生绿枝插条从理想母株上截取，长度10~15厘米，插入盛水的玻璃瓶或塑料瓶中，即使1枝也可繁殖，具体繁殖技术与2.2.3的要求相同（图2-6）。但需注意，以东北的中北部地区为例，绿枝生根、移植或定植后，在9月中下旬初霜来临时，应保证绿枝扦条周皮成熟至黄褐色，方能在防寒条件下安全越冬。

水中生
不定根

图2-6 葡萄硬枝水插或绿枝水插的单株瓶插

2.3 葡萄压条苗木培育技术

葡萄压条繁殖，是对缺株补空，盆栽或引栽繁殖珍贵品种最可靠、最有效的方法，其苗木生长健壮而迅速。虽繁殖系数低，但可靠，几乎是100%的成活。所以，庭院葡萄园艺用之广泛。

所谓压条苗木，就是利用葡萄的部分枝蔓在不脱离母株的状态下，压入土中（或埋在土中），促使压入土中部位生根，然后再切离母体成独立的新植株。其优点是苗木生长期营养较为充足，容易成活，幼苗生长迅速，成苗率高，苗木质量好，结果早；其缺点是繁殖系数低，费工，满足不了大面积栽培的需求，但在庭院葡萄园艺中，由于用苗量少，尤其盆栽或缺株补空，采用压条方法培育苗木，倒是简便易行。其方法有地面压条和空中压条两种。地面压条又分直立压条和曲枝压条两种。

2.3.1　直立压条

直立压条也称壅土压条。即在秋季修剪时采用低干整枝方式，促其翌年多发生新梢，待新梢长到20~30厘米时逐渐培（壅）土，仅新梢的顶端露出，这样在每个新梢基部就可长出新根（不定根），在当年入冬前，即可把培土扒开，分株起苗——剪下带根枝蔓（图2-7）。

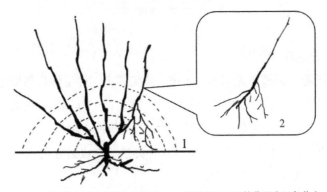

1—虚线为分期培土的示意形象；2—秋季剪下生根枝蔓即为压条苗木。

图2-7　葡萄的直立压条

2.3.2　曲枝压条

曲枝压条又分水平压条、先端压条和波状压条。

（1）水平压条

水平压条又称普通压条。具体方法是，在秋季修剪时，留出靠近地表的枝蔓，作为明年压条用。春季出土后将其放于架下，在架下依据枝蔓的长短和分布情况，开15~20厘米深的窄沟，把枝蔓压入沟内埋上土。压老蔓时，可将选留的一年生枝露出地表；压一年生枝蔓时，可将其平放在沟内，少埋土或暂不埋土，待各节萌发的新梢长到30厘米以上时，再进行培土，并摘除新梢上的果穗。到秋季（8月中下旬）土中的枝蔓就可长出很多根系。秋季起苗时，再行分株切断，与母株分离而成新的植株（图2-8）。

图2-8 葡萄的水平压条

（注：箭头所示为切断部位）

（2）先端压条

先端压条是将枝蔓先端压入土中，梢尖露出，待生根后与母体分离而成新株。具体办法是，在欲压条枝蔓附近，挖一15~20厘米深的坑，然后将欲压枝蔓先端弯曲压入坑中，顶端露出地面，将坑用土埋平。到秋季，切断母枝，使其成为新的植株（图2-9）。这种办法，在成龄葡萄园中补植缺株时往往采用，方便易行，结果又早。

图2-9 先端压条

（3）波状压条

波状压条是将枝蔓弯成波状，着地部分埋于土内，使其生根，突出地面部分发芽抽枝，与母体分离后成新的植株。其既可置于地面，也可挖沟将枝条波状埋于地下。挖沟虽然费工，但利于保墒；地面埋土若土壤湿度好或有灌溉条件，省工省力，方便易行（图2-10）。

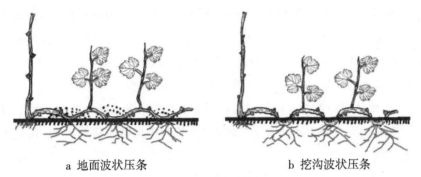

a 地面波状压条　　　　　　b 挖沟波状压条

图2-10　曲枝压条

（注：虚线表示培土部位）

2.3.3　空中压条（高压法）

空中压条操作方法比较简单，即在春季葡萄上架后，选其适宜枝蔓从花盆底孔插入，然后在花盆里装上土，这样枝蔓在花盆盛土部位生根（如无花盆，也可填充生根材料如土等以塑料薄膜包上），其上部芽子长成新的枝蔓，尚可开花结果。8月中下旬就可从盆底剪断，成为独立的盆栽葡萄（图2-11）。不愿盆栽，来春也可栽植在露地。

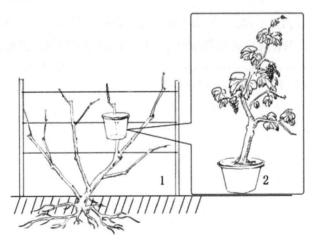

1—春季葡萄上架后，将其枝蔓从盆底孔插入，然后盛土；
2—秋季从盆底剪断离开母株，成独立的盆栽葡萄，翌年结果示意。

图2-11　葡萄空中压条

2.4 葡萄嫁接苗木的培育技术

葡萄的嫁接苗和自根苗（扦插、压条）一样，均为营养系苗或称无性系苗，都是用营养体（葡萄的枝蔓）繁殖而来，不同之处在于，嫁接苗是由接穗（枝段和芽）和砧木两部分结合在一起而长成的一个新个体——植株。上部抽枝长叶的部分（枝段或芽）叫接穗，下部长根部分叫砧木。

葡萄砧木的根系有两种：由枝段（扦插、压条）而来的根系叫茎源根系；砧木是由种子繁殖的实生苗而来（如播种山葡萄作砧木）的，则叫实生根系（图 2-12）。

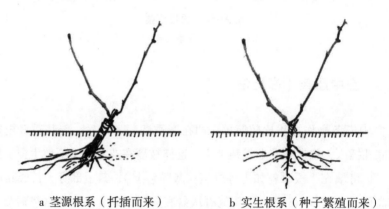

a 茎源根系（扦插而来）　　　b 实生根系（种子繁殖而来）

图 2-12　葡萄嫁接苗的根系

由于嫁接苗是由穗、砧两部分结合在一起的，故可发挥各自的特点，如接穗一般都是取自优良的葡萄品种、性状已经稳定的植株，因此，和自根苗一样，可以保持本品种的优良特性，生长快，结果早；对扦插、压条不易生根的品种，可用嫁接方法来繁殖育苗；利用砧木的抗寒、抗旱、耐涝、抗盐碱、抗病虫（如根瘤蚜、线虫）等特性，来增强栽培品种的抗逆性和适应性；在品种选育上，可利用嫁接来保存营养系的优良变异，如芽变、枝变等；还可

> 果树嫁接育苗的指导思想是利用砧木（多为野生或半野生）提高接穗（优良品种）的抗逆性（抗寒、抗盐碱等），所以选择砧木必须是抗逆性强的，否则嫁接没有意义，尤其是葡萄，因为葡萄自根繁殖非常容易。

使杂种实生（有性杂交）苗通过嫁接提早结果，以加速选育过程，快速繁育新品种。所以，葡萄嫁接苗在生产上应用较广。庭院葡萄园艺在北方习惯上也愿意用嫁接苗，到底采用自根苗好还是嫁接苗好，应视其具体情况而定，各有各的优缺点，不能一概而论。

2.4.1　嫁接繁殖的生理学基础

嫁接繁殖之所以能够成活，是由于接穗和砧木两者具有再生能力和能产生愈合组织，两者愈合组织彼此融合在一起，产生新的输导组织系统，使之上下两部分彼此沟通而成为独立的植株。

影响嫁接成活的内在因素是接穗和砧木之间的亲和力。一般来讲，亲缘关系越近，亲和力越强，嫁接成活力越好。所谓亲和力，是指接穗和砧木结合在一起生存能力的大小，它决定两者在组织结构上和生理生化（新陈代谢）、遗传特性等方面的相似程度。

葡萄枝蔓中的形成层分生能力极强，为嫁接农艺提供了极为有利的生理条件，葡萄嫁接农艺措施要求，不论何种嫁接农艺措施，削面一定要光滑，为保证削面光滑，嫁接刀具一定要锋利，防止反复切削、形成凹凸不平的接口，影响形成层形成愈合组织，有经验的农艺工人常提出在嫁接时要注意使砧木与接穗的接触要"皮碰皮"，其实在外观上所谓的"皮碰皮"实质是使葡萄接穗与砧木的"形成层"在嫁接时能达到全部或部分接触，"形成层"分生后向内形成木质部、向外形成韧皮部（图2-13），接穗与砧木新生的木质部与木质部、韧皮部与韧皮部相连、输导组织上下接通，一枝新生的葡萄苗即已标志成活。

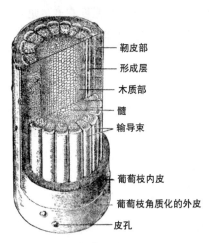

　　　　　　　　　　　—— 韧皮部
　　　　　　　　　　　—— 形成层
　　　　　　　　　　　—— 木质部
　　　　　　　　　　　—— 髓
　　　　　　　　　　　—— 输导束
　　　　　　　　　　　—— 葡萄枝内皮
　　　　　　　　　　　—— 葡萄枝角质化的外皮
　　　　　　　　　　　—— 皮孔

图2-13　葡萄枝蔓的纵横剖面

影响嫁接成活的外在条件是嫁接时期与嫁接技术。嫁接时期适宜，接穗与砧木形成层活动大体一致，温湿度适当，嫁接成活率高；嫁接技术越熟练，其成活率越高，而形成层对齐与否又是其关键（详情见本书图2-13）。

2.4.2 葡萄硬枝嫁接育苗技术

所谓硬枝嫁接，就是利用优良品种的一年生枝蔓作接穗，以抗逆性（如抗寒、耐涝、抗盐碱等）比较强的品种或树种（如贝达、山葡萄等）的一至三年生枝蔓或多年生枝蔓作砧木，于春季进行嫁接，然后培育成苗。硬枝嫁接又分室内嫁接和就地嫁接两种方法。

室内嫁接是目前东北的中北部地区葡萄生产繁殖苗木普遍采用的一种方法。

砧木和接穗的采集与贮藏：砧木和接穗的采集与贮藏方法，与葡萄扦插育苗的插条采集与贮藏方法相同。东北的中北部地区砧木多采用比较抗寒的贝达和山葡萄。用山葡萄作砧木的嫁接苗，其根系抗寒力优于贝达砧的抗寒力，不仅减少防寒幅度和厚度，还可促进枝蔓成熟。缺点是山葡萄的枝蔓不易生根，所以在育苗扦插（或嫁接）前，需用激素（如α-萘乙酸等）进行处理。贝达葡萄的根系抗寒力虽不及山葡萄，但发根比较容易，故庭院葡萄园艺多采用贝达葡萄枝蔓作为砧木。

（1）选取砧木

一般是在秋季落叶后，选取粗度在0.7厘米以上生长健壮、无病虫害、充分成熟的一至三年生枝蔓作砧木。

（2）选取接穗

在秋季修剪时，选取计划栽培的优良品种，要成熟好、芽眼饱满、无病虫害的一年生枝蔓，其粗度应与砧木粗度相近或稍细。

接穗和砧木在贮藏期间，应特别注意检查管理，既要保持相应的温湿度，又要防止鼠害。

（3）嫁接时期

一般从当年12月到翌年4月都可进行嫁接。苗多可提早进行，庭院葡萄园艺一般用苗量都比较少，故可适当晚接，以早春3—4月为宜。但不能过晚，过晚会延迟扦插时期而缩短生育期，使苗木枝蔓到秋天下霜前成熟不良，影响成苗率。

（4）嫁接方法

硬枝嫁接方法有多种，要灵活应用。将贮藏的砧木和接穗取出，放在清水中浸泡一昼夜，使其充分吸水，然后进行剪截，也可按嫁接时砧穗长短要求先剪截后浸泡，以利于愈合和切削。若砧木过干，可适当延长浸泡时间，但接穗不宜浸泡时间过久，以免芽眼提前萌动。砧木剪成15~20厘米长的砧段，上端在节上4~5厘米处剪成平茬，下端在节上或节间剪均即可，剪成斜茬，并

> 葡萄嫁接成活的关键是砧、穗两者的亲和力，以及嫁接技术上的砧、穗两者的形成层对齐。目前生产上用的砧木——贝达或山葡萄，与当前的优良品种葡萄的亲和力较强，尤其贝达，嫁接成活率较高，这时，形成层对齐就是关键中的关键了，所以嫁接时必须强调。

用刀削去芽眼，以防成苗时长出萌蘖；接穗剪5~7厘米长，选留一个饱满芽（节间特短的也可留两个芽）。上端剪口应在芽眼上0.5厘米左右处剪成平茬，距芽眼过近容易抽干，过远则会导致芽上枯桩长而影响苗木生长，其下端也要剪成平茬（图2-14）。

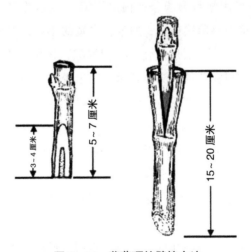

图2-14　葡萄硬枝劈接方法

用山葡萄枝蔓作砧木时应注意，因山葡萄枝蔓发根能力弱，需要用

0.005%~0.01% 的 α-萘乙酸或萘乙酸钠的溶液浸泡剪好后的砧段基部 3~5 厘米处。浸泡时间随药液浓度和温度不同而异，若浓度大、温度高，可浸 8~12 小时，反之可适当延长，最长可浸 24 小时。

药液配制方法：取 α-萘乙酸 0.1 克，加水 50 克，放在瓷盆中加热煮沸至全部溶解，即为原液（或将其先溶于酒精中，再加水稀释）。用时将 50 克原液再加 950 克水，即配成 0.01% 的溶液。

处理方法：将剪截并捆好的山葡萄砧木基部磕齐，立于平底盆（或瓷盘）中，将配制好的药液慢慢倒入，深达 3~5 厘米即可。经药液浸泡过的砧木，用清水冲洗一遍即可使用，但不能再用水浸泡，为防止干燥，可用湿布盖上或湿锯末埋上。

葡萄硬枝嫁接一般多用劈接法进行嫁接。劈接方法简单，容易掌握，对接穗粗细要求不严，嫁接速度快而结合牢固，成活率高。具体操作方法是，在砧木顶端中间用刀劈开，深度以能插入接穗即可。接穗下端削成两面对称的楔形斜面，削面要平直光滑，长 3~4 厘米，切面角度小易与砧木密接（图 2-14）。

接穗削好后，要随即将其插入砧木的切口内，使其一侧的形成层（或绿色皮层）对齐。若砧木和接穗粗细相等时，要注意两边形成层都要对齐。形成层对齐是嫁接成活的关键，故不能忽视。插入的深度以接穗的削面上部外露 1~2 毫米为宜。

接穗插接好后用塑料薄膜条或苘麻绑缚。当前生产上多用塑料薄膜条绑缚，用时先将塑料薄膜剪成 1 厘米左右宽的小条，卷成卷备用。绑扎时自接口下端往上缠绕，层层压住，不留缝隙，将接口连同接穗下半部包紧，然后做套压住塑料条的上头，拉紧，留出少许，剪断即可。若无塑料薄膜，也可用苘麻绑缚，即先将梳过的苘麻剪 40 厘米长，用水浸湿，绑扎时从接口上端开始往下缠绕，头两圈压住麻头，以后按 3~5 毫米的间距向下缠绕，到接口下部时将麻绳套住接紧，不使松开。缠绕时松紧要适度，在不影响牢固的前提下，麻皮要用得越少越好，以利于愈合组织的生长。缠绕时要特别注意，千万不要错动接穗的位置，以免砧穗错位，影响愈合。

在接穗与砧木粗度大体相同时，也可采用舌接法进行嫁接。具体方法是在接穗的下端和砧木的上端各削一等长的马耳形（斜）切面，长度为接条直径的 1.5~3 倍。切面要平直光滑，然后在斜面先端 1/3 处切面下切，切口长度 1.5~2 厘米。接穗与砧木切好后，两者削面切口相互插合在一起，绑扎即成（图 2-15）。若穗、砧两者粗度不同，则插合要一边形成层对齐。

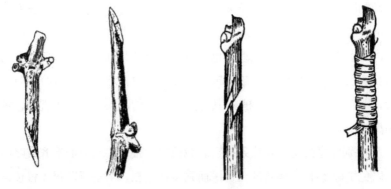

a 接穗切削状　b 砧木切削状　c 砧木与接穗即将插入　d 舌接完成的绑缚状

图 2-15　葡萄舌接

接完后要用湿锯末或湿毛巾将接条盖好，以免风干。

（5）嫁接后的管理

为使接口很快愈合，穗、砧长成为一个新的共生植株，必须放在一定的温湿度条件下进行处理，这就是所谓的愈合处理。庭院葡萄园艺一般是在嫁接后用湿锯末或湿沙把接条覆盖好，在 20~25℃ 的条件下，促进接口愈合和砧木生根。低于 20℃ 时，须适当延长处理时间，温度过低或处理时间过短，愈合生根困难，也不易超过 28℃，温度过高容易烧坏接条芽眼。温湿度适宜，一般一周左右接口即可产生愈合组织，2~3 周接口基本愈合，部分接条开始生根。此时温度应适当降低（15℃ 左右），这样锻炼 1 周左右即可扦插于露地（或花盆中）。

加温方法，请参照本书 2.2.1 "葡萄硬枝扦插苗木的培育技术"中的温热处理，在此不再赘述。

（6）接条扦插

扦插前应进行细致整地。扦插时要注意保护好接条，使新根和嫩芽不受损伤，扦插后即灌透水，细致覆土盖好芽，这是提高扦插质量的重要环节。

露地扦插时间应在晚霜过后，田间地表下 20 厘米处温度达 10~12℃ 时进行。东北的中北部地区一般在 5 月中下旬为宜，5 月末插完为好。具体时间应掌握在插后不受晚霜为害而又有足够的生育期为原则。

庭院葡萄园艺一般由于栽植葡萄株数少，可直接扦插在栽植地或花盆中（即所谓的早成苗栽植），这样可减去移栽的麻烦过程，对苗木生长有利，可提前进入结果。缺点是若管理不当，容易出现缺苗的弊病。所以，半成苗栽植，对苗木要加强保护和管理。也可将半成苗移栽到苗圃或小面积育苗地继续培养到秋天枝蔓成熟，入冬前起出，入窖集中管理，来春定植在栽植地或盆栽，即所谓成（品）苗栽植。其优点是苗期管理集中、省工省力，定植成活率高。

要特别注意的是，在接条扦插和栽植时，接口要与地面平齐或略高于地面，以免接穗生根。倘若埋土过深而致接穗生根，需进行断根（将接穗所生之根切断），否则就失去嫁接的意义，因为接穗属于品质好、抗性差的品种，所生之根系抗性也差，所以必须进行断根处理。

2.4.3 就地嫁接

就地嫁接也叫"居接"，即为了某种特定的目的进行就地嫁接。例如，山葡萄作砧时其枝蔓生根较为困难，可先在庭院中播种山葡萄种子，待出苗后进行就地嫁接。再如，更换品种也可采用就地嫁接。根据所用的材料不同，分为硬枝嫁接、绿枝嫁接和芽接 3 种。

> 葡萄的就地嫁接多应用在园地品种更换上。优点是嫁接成活率高，生长速度快，又省去了育苗和栽植过程，所以，在庭院葡萄园艺中应用较多，更换品种时方便快捷。

（1）硬枝嫁接

硬枝嫁接一般多在春季芽眼开始萌动或萌芽后进行。砧木可为一年生的苗木，山葡萄、贝达，也可是多年生大树。常用的嫁接方法有以下 3 种。

① 劈接法：具体方法与室内嫁接的劈接法基本相同，所不同的是砧木在地里长着。所以，在嫁接时先将砧木在欲接部位剪断或锯断，断面削平。用刀在砧木断面中间垂直劈下，深度略长或等长于接穗切面。若砧木较粗，可在切口两边各插接一个接穗，但接穗的外侧形成层必须和砧木形成层对齐（图 2-16）。

a 接穗与砧木粗度大体相同的　b 将接穗削成两面对称、　c 接穗插入砧木后完成
　情况，可将砧木从中间劈开　　厚度相等的楔形切面　　就地劈接的绑缚状态

图2-16　葡萄就地劈接法

② 切接法：剪砧方法同劈接法。将接穗基部两侧削成一长一短的两个切面，即先在顶芽同侧切削一长切面，长3厘米左右，再在长切面的对侧，削一长1厘米左右的短切面，切面要平滑。切砧木时在选定的砧木欲接部位（低接应在近地面）选平滑处截去上端，截面要削平，选皮层平整光滑的侧面，由截口木质部的边缘稍带木质部向下直切，切口长度与宽度要和接穗的长削面相适应。砧木切好后，随即将削好的接穗的长切面向内插入砧木切口，使两者形成层对齐，将砧木切口的皮层由下向上轻轻拢起包于接穗外面，立即用塑料薄膜条（或马蔺等）自下向上缠绕包严绑紧即可（图2-17）。要低接还应同时埋土保护。要高接应将接口涂以接蜡保护；有条件的可用塑料薄膜管套套上保护，效果更好。

a 接穗切　b 切削面对　c 用修枝剪　d 劈开砧木　e 砧穗接合　f 接穗插入
　削面　　　侧的切面　　切开砧木　　　　　　　　状况　　　　后绑扎状

图2-17　切接法

③ 腹接法：腹接法也叫腰接法。该法的接穗切削方法与劈接法相近似，所不同的是切面削成斜楔形。即在接穗基部削一长约 3 厘米的削面，再在其对面削一长 1.5 厘米左右的短切面，长边厚而短边薄。砧木不必剪断，在欲接部位选平滑处向下斜切一刀，刀口与砧木垂直线成 45° 角左右，使与接穗的削面大小角度相适应，砧木切好后，迅即将削好的接穗插入砧木切口内，使形成层对齐，然后包严绑紧即可（图 2-18）。

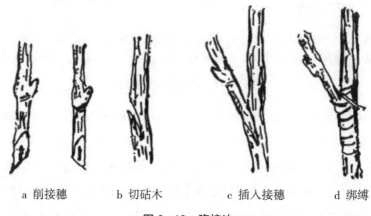

a 削接穗 b 切砧木 c 插入接穗 d 绑缚

图 2-18　腹接法

（2）绿枝嫁接

所谓绿枝嫁接，是在生长期间利用稍木质化或半木质化的砧木与接穗进行嫁接。其可利用的嫁接时间较长，方法简单，成活率高。在葡萄生产上，利用绿枝嫁接克服了山葡萄砧硬枝嫁接成活率低的弊病，尤

> 绿枝嫁接方法简单，操作容易，成活率也高，所以生产上应用甚广。成活关键是接条（穗）保鲜。

其对"老龄"葡萄植株品种更新时，采用绿枝嫁接，产量恢复快。因此，绿枝嫁接在庭院葡萄园艺上的应用有着重要意义。例如，在生长期中，利用夏季修剪下来的优良品种葡萄的副梢或嫩枝作接穗，接在贝达或山葡萄砧木的绿枝上，以此来培养成苗。又如，对已决定淘汰的健壮葡萄大树，在春季萌芽前，近地面 3 厘米左右处进行平茬，在剪锯口进行覆土以防截口处抽干，然后灌水，促使发生萌蘖，选择生长健壮萌蘖作砧木，以优良品种葡萄的绿枝作接穗，进行绿枝嫁接，即改造成优良品种。

① 接穗的采集：剪取优良品种植株上的稍木质化或半木质化的嫩枝或

副梢，去掉叶片和先端过嫩的部分，即时放在盛有清水的水桶中，或放在瓷盘中，用湿毛巾或湿布盖上保鲜，随用随取。若从外地选取接穗，则应注意保鲜包装，多以湿锯末、海绵等材料填充，外用塑料布包被或装入箱中运输，如量少也可用广口瓶保湿，瓶底装些冰块，将接穗包在塑料布里，放在瓶中保存携带，途中注意检查，防止抽干或发霉。

② 砧木的准备：绿枝嫁接用的砧木选择，与其他嫁接方法对砧木的要求基本一致，唯其所用的砧木是带有叶片的嫩绿枝条。

在培育山葡萄砧木苗时，可用营养钵（塑料杯）播种山葡萄种子（成苗后进行绿枝嫁接，以克服硬枝嫁接成活率低的问题）。在播种山葡萄种子时需对种子进行层积处理，催芽后方可播种。具体方法是，在10月下旬，将其具有生命力的种子用洁净的清水浸泡1~2天，再用4~5倍于种子量的湿锯末或湿沙，均匀拌合在一起，装入木箱或花盆内（木箱底部应先放入2~3厘米厚的湿锯末），放在0~5℃的环境中（如窖、走廊）。第二年3—4月取出，放在20~30℃的地方催芽。当有1/3的种子裂嘴时，即可播种。层积贮藏时要注意经常检查，防止风干、霉烂和鼠害。催芽时要常翻动，使之上下条件一致，发芽整齐、均匀。

葡萄绿枝嫁接时期：葡萄绿枝嫁接适期是6月中下旬。6月底以后嫁接所生新梢，到秋天一般都成熟不好，影响安全越冬。太早的话，枝条过嫩，嫁接成活率低。

③ 葡萄绿枝嫁接方法：葡萄绿枝嫁接方法很多，常用的有以下几种。

a. 绿枝劈接：就嫁接方法而言，绿枝劈接与硬枝劈接方法相同。具体方法是，在6月中下旬选取优良品种的嫩枝或副梢，尽量与砧木粗度相等，提前2~3天掐尖，剪留1~2节，下部削成楔形，作为接穗。同时在砧木上选取嫩枝，距地面10~20厘米处剪断，自中间劈开，将接穗插入，然后用塑料薄膜条缠上即可。一般10天左右就可愈合。嫁接操作时，由于接穗和砧木组织幼嫩，极易碰伤，故动作要轻而迅速。切削时可用刮脸刀片（单面刀和双面刀均可）。嫁接后及时除去砧木上的萌蘖和接穗上的副梢（图2-19）。

　　　a 砧木的劈开　　b 接穗双侧削成长短相同的切面　c 嫁接后的捆扎接合状态

图 2-19 葡萄绿枝劈接

　　b.绿枝靠接：所谓靠接，就是将接穗品种植株栽植在花盆或其他容器中，嫁接时将其移近砧木，接穗不从母体上剪截下来，砧木一般也不剪截，把两者绿枝相互靠拢进行嫁接，靠拢部位削去外皮及一部分韧皮部，留下的表皮要有一部分相互对齐，即所谓的"皮碰皮"，以保证砧、穗内部形成层相互连通，待成活后再分别剪截，即结合部以下剪去接穗，以上剪去砧木的枝梢（图 2-20），这种方法成活率高，多在珍贵品种上应用。

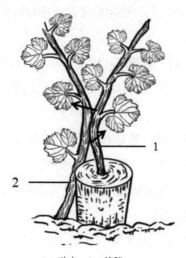

1—砧木；2—接穗。

图 2-20　绿枝靠接

（注：箭头所示为嫁接成活后的剪切部位）

　　c.绿枝芽接：砧木与接穗均取自嫩绿枝条，由于嫁接成活率高，所以，近年来在葡萄生产上应用甚广。嫁接时间多在 6—7 月进行。其方法多以方块芽接法为好，具体方法如下。

　　削芽片：用刀片先在稍木质化或半木质化的枝蔓（接穗）上选取充实饱

满的芽眼，与芽上下左右各切一刀，深达木质部，使其成为方块（或菱形），长1.8~2.5厘米，宽1.0~1.2厘米（或接穗枝蔓宽的1/3），使芽居中。

切砧木：在砧木离地面20~30厘米或距母蔓10~20厘米处，采用同样方法切取与芽片同样形状，同样大小（或稍大）的芽片或欲接部位的皮层。

贴芽片与绑缚：砧木切好后，随即瓣下接穗上切好的芽片，贴在砧木的芽片（皮层）切口处，使砧木切口和接穗芽片切口形成层对齐，如砧木切口大于接穗芽片时，可使一侧形成层对齐（密接），随即用塑料薄膜条包严（把芽露出）绑紧即可（图2-21）。葡萄绿枝芽接成活的关键在于：

接穗的接芽一定要充实饱满，砧木应健壮，因为这样的接芽和砧木贮藏的养分多；

砧、穗两者的切口要对齐密接，以保证砧穗内部形成层连成一片，否则成活率明显降低；

嫁接时操作要轻，动作要迅速，速度要快，绑缚松紧要适度，切勿勒伤皮层，因为嫩绿枝蔓极易受伤害；室外嫁接应选择温暖无风、晴朗适宜的天气条件下进行。

芽片切割　　　取下的芽片　　　接合绑缚

a 绿枝方片形芽接

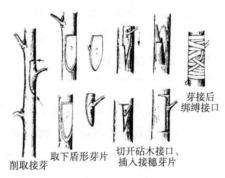

芽接后绑缚接口

削取接芽　　取下盾形芽片　　切开砧木接口、插入接穗芽片

b 绿枝盾形芽接

图2-21　绿枝芽接法

3 庭院葡萄栽植的园艺措施

庭院葡萄虽然在葡萄品种的选择上与一般生产园大体相同，但由于户型及其所处环境的自然条件、种植目的及其主人的爱好不同等，在品种选择、种植方式（架式）栽培管理等方面也各有特点。例如，庭院范围较小的小户型家庭，栽植葡萄植株生长范围相对较小，在选择品种上就不宜选生长势特旺盛的葡萄品种（如巨峰、腾稔等），在架式上应选择小棚架、棚篱架、柱形篱架等或盆栽。又如，城市和农村的居住环境也有较大的差别，在

> 庭院葡萄的种植与普通生产园不同，既要满足物质文明建设的需要，又要满足精神文明建设的需要，既要收获果实及其产品，又要美化居住环境，甚至以美化环境为主。因此，在品种选择、布局、栽植方式、架式、植株调整等方面都有很强的针对性、灵活性和随意性，既不能盲目种植，又不能顾此失彼。

同一地区，城市的温度往往比农村高 2~3℃，甚至更高，这在品种选择上就相对放宽抗寒品种的限制，而在栽培方式上，城市和农村也有相应变化。但总体上来说，庭院葡萄的种植应考虑以下内容。

庭院葡萄园艺是一种文明高雅的空间和时间的综合性艺术，既要满足人们物质生活上的功能（果实、保健）要求，又要反映意识形态和精神面貌的艺术，满足人们精神生活的需要。因此，庭院葡萄的种植，既要满足物质和精神生活的需要，又要遵从环境条件的自然科学规律和艺术规律，使之既可创造出相应的经济效益和保健效益，又能营造出观赏、休憩的理想生态环境。

3.1 品种的选择

庭院葡萄的品种选择至关重要，虽与一般葡萄生产园基本相同，但由

于庭院葡萄种植所处的环境条件和主人种植的目的与爱好要求不同，所以，与一般葡萄生产园相比，又增添了不少别样的特点：庭院葡萄所处的环境条件，由于受房屋、围墙、楼宇等建设物遮挡，以及人、畜频繁活动的影响，其小气候条件远优越于裸地（露地）葡萄园。例如，风速一般比开旷地小2~3级，冬季气温常比郊（野）外高1~2℃，且昼夜温差也小，加之人、畜活动，空气中的二氧化碳也远高于裸地葡萄园。因此，庭院葡萄可选择比当地葡萄生产园主栽品种较好的优良品种（品质好但抗逆性稍差）。选择的原则如下。

适应当地风土条件。选择抗逆性（如抗寒性、耐盐碱等）相对较强的品种，以保证栽植后，不至于因风土条件的不利而造成损失。

穗美粒艳。由于庭院葡萄园艺具有美化居住环境的要义，所以，要求葡萄的浆果不仅要香、甜、味美，而且要色泽艳丽、形状美华。即要求果穗整齐，外形美观，果粒色泽鲜艳，令人精神焕发，爱不释手，不愿离步。

抗病虫性强。庭院葡萄种植环境是人们活动频繁的地方，又是休闲小憩的场所，不宜使用过多的农药来防治病虫害，故应选择抗病虫害较强的品种。

在漫长的葡萄栽培历史过程，经人工选择育成的品种数以千计，可供庭院葡萄选用的品种不胜枚举，对于生产性果园，葡萄品种是一种生产资料，但在庭院葡萄栽植环境下，品种不仅应该具备生产资料应有的经济效益特点，而且还应满足种植者对改善生活环境、创造健康绿色特殊的庭院园艺的需求。现列举几个适用的品种。

巨峰（图3-1）：欧美杂种，原产于日本。植株生长势强，幼树进入结果期早，在东北中部，浆果于9月中下旬成熟。果穗呈圆锥形，穗均重500克左右，最重可达2100克。果粒呈椭圆形，粒重10克左右。成熟果粒呈黑紫色，果皮厚，果粉多，肉软而肥厚，多汁、酸甜，具草莓香味，品质中上。适应性与抗逆性强，抗病，产量较高。棚架、立（篱）架均可，宜中、短梢修剪。适于我国各地栽培，现已成主栽品种。

图3-1 巨峰

图 3-2　里查马特

图 3-3　矢富罗莎

图 3-4　京亚

图 3-5　京优

里查马特（图 3-2）：欧亚杂种，又名玫瑰牛奶。原产于苏联。植株生长势强，浆果于 9 月上中旬成熟。果穗呈宽圆锥形，均重 672.5 克左右，最大 2500 克。果粒呈长椭圆形，粒重 9.85 克左右，果皮薄。成熟后呈红紫色或鲜红色，肉脆多汁，酸甜味美，品质极优。抗病力较弱，产量中等。适于东北、西北、华北等地区栽培。由于果实色泽鲜艳，品质极佳，故为庭院葡萄的首选品种之一。

矢富罗莎（图 3-3）：欧亚杂种，又名兴华 1 号、粉红亚都密、早红提、罗莎。由日本引入。植株生长势中，抗病、丰产，8 月中旬成熟。果穗呈圆锥形，穗重 500~1000 克，最大 2000 克。果粒呈长椭圆形，粒均重 9 克左右。成熟后果皮呈紫红色，果粒整齐，外观极美。果肉脆而清香，品质、风味极佳。汁可造酒，如管理得当，是庭院葡萄选择的理想品种。

京亚（图 3-4）：欧亚杂种，中国农科院北京植物园从黑奥林实生苗后代中选育而成。植株生长势强，抗寒、抗病、耐湿。浆果于 8 月上旬成熟，果穗呈圆锥形或圆柱形，穗重与巨峰相近。果粒近圆锥形或椭圆形，平均粒重 11~13 克，最大 18 克，着生紧密整齐。成熟后果皮厚呈紫黑色，果粉多，着色一致，外形美观，肉质中等，汁多，味酸甜，微具草莓香味，品质中上。现生产上栽培较多。适于庭院和保护地栽培。

京优（图 3-5）：欧美杂种，品种来源同京亚，是京亚的姊妹系。植株生长势强，抗病性强，产量高。浆果于 8 月中旬成熟。果穗呈圆锥形，均重 580 克，最大穗重可达 1000 克以上。果粒近圆形或椭圆形，果粒均重 10 克左右，最大可达 18 克，着生紧密。成熟后果皮呈红紫色，肉质脆而硬，可用刀切，且不流汁，甘甜味美，微有草莓香味，口感极佳，品质上。果实充分成熟后也不脱粒，耐贮运，适于庭院栽培，宜中、短梢修剪。

图3-6 京秀

京秀（图3-6）：欧亚杂种，中国农科院植物园育成的极早熟品种。植株生长势中等或较强，抗病能力较强。浆果于8月上旬成熟，果穗呈圆锥形，平均穗重420克，最大穗重550克。果粒呈椭圆形，穗、粒整齐，平均粒重6~7克，最大粒重11克。成熟后果皮呈紫红色或鲜红色，味甜酸低，肉厚而脆，品质优良，形色秀丽，风味极佳。1994年9月，全国首届葡萄学术研讨会上，在品种品评中得分第一。我国三北地区均可栽培，更适于庭院栽培。棚、篱架均可，宜中梢修剪。

图3-7 无核白鸡心

无核白鸡心（图3-7）：欧亚杂种，植株生长势强，抗病力中等。浆果于8月下旬成熟，果穗呈圆锥形，穗均重490克，最大穗重1500克。果粒略呈鸡心形，平均粒重4.5克。成熟后浆果呈黄绿色，无核，肉脆浓甜，略有玫瑰香味，品质上等。宜在我国三北地区栽培。

白香蕉：欧美杂种，原产地不详，由日本引入。植株生长势强，抗病、耐寒、耐潮湿，抗逆性强，适应性强，丰产。浆果于8月末成熟，果穗呈长椭圆形或圆锥形，重500~600克。果粒着生较紧，呈椭圆形，重6克左右。成熟后浆果呈金黄色，皮薄肉软而韧，具肉囊，汁多味甜，充分成熟后有浓郁的草莓香味，品质上等。适于篱架、小棚架栽培，宜中、长梢修剪。缺点是若管理不当，浆果成熟不一致，熟粒易脱落和裂果，但作为庭院零星栽培还是较好的品种。

图3-8 蜜汁

蜜汁（图3-8）：欧美杂种，原产于日本。树势较强或中等，枝条粗壮，抗病、耐湿，丰产。浆果于8月中下旬成熟。果穗呈圆锥形，平均穗重300克，最大500克。果粒着生紧密，近圆形，平均粒重6.78克，最大8克。浆果成熟后呈红紫色，皮厚有肉囊，肉质柔软，汁多味甜，品质中上，除生食外，也可制汁。适于小棚架栽培，宜中、长梢修剪。缺点是采收过晚易脱粒。各地均可栽培。

着色香（茉莉香）：欧美杂种，又名苏丹玫瑰、张旺一号、极品香。原产于俄罗斯。植株生长势中庸、抗寒（近似贝达）、抗病能力极强。8月上旬成熟，果穗呈圆柱形或圆锥形，果穗大小整齐，重500克左右。果粒着生紧密，椭圆形，果皮较韧，极耐贮运，浆果成熟后呈粉红色，味甜、口感极佳，具有浓郁的茉莉香味（故又名茉莉香）。该品种突出特点是有芽就有果，若管理得好，可连年丰产稳产，且不易落果，果实成熟后仍可在树上挂至国庆节也不脱落，长势喜人、品质不变而且风味如初，甚或更佳。栽培管理容易，棚、篱架均可，宜中、短修剪。不足的是，其为雌能花，需与其他花期相近的品种混栽，或嫁接授粉枝。

图3-9　无核白

无核白（图3-9）：欧亚杂种，原产于伊朗，在我国新疆栽培已有1700多年历史，目前在新疆吐鲁番、塔里木盆地和内蒙古乌海等地已有大面积栽培，是我国制作葡萄干著名品种。梢尖黄绿色，幼叶金黄色，大，叶缘上卷，光滑无毛，3~5裂，上裂刻中或浅。果穗呈长圆锥形或歧肩圆锥形，平均穗重350克；果粒呈椭圆形，平均粒重1.4~1.8克，黄绿色；皮薄肉脆，含可溶性固形物21%~24%，含酸量0.4%~0.8%，味甜，品质上等，每果枝平均挂果1.2穗，从萌芽到果实成熟生长日数约140天。

贝达（贝塔）：美洲种，原产于美国。植株生长势强，抗寒、抗病、耐旱、适应性强，是良好的嫁接用砧木品种，8月中下旬成熟。果穗小，圆柱形，平均穗重160克左右。粒小，圆形，平均粒重1.8克，浆果成熟后呈紫黑色，味酸微甜，有淡草莓香味。成熟后可延迟采收，不脱粒。鲜食味酸，可制汁、酿酒，在东北的中部地区不采取埋土防寒措施，也可安全越冬，所以近年来庭院栽培较多，其可用于荫棚或绿荫长廊，果实可造酒或作饮料，也可鲜食。适于棚架栽培，宜中、短梢修剪。

3.2　葡萄架式

葡萄是蔓生植物，茎细长，直立性弱，栽植时为使葡萄枝蔓和新梢生长有良好的空间和光照，需要搭架栽培。架的形式当前生产上很多，具体需要依其环境条件和栽培特点选择。同时也要考虑葡萄的安全越冬、埋土防寒的问题。现将当前多用的几种主要架式介绍如下。

3.2.1　蓠架（立架）

架面与地面垂直，沿行向每隔一定距离设一支柱，支柱上拉铁（8#）线，形似篱笆，故而得名。架高 1.5~2 米，架上拉 4 道铁线。篱架又分单（壁）篱架和双（壁）篱架（图 3-10），庭院栽培还可以采用圆柱形篱架。篱架整枝形式可采用龙干整枝，短梢修剪（详见 4.1.2），新梢可任其自然下垂，不加引缚。

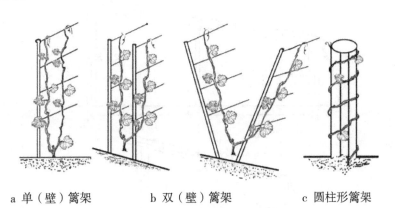

a 单（壁）篱架　　　b 双（壁）篱架　　　c 圆柱形篱架

图 3-10　葡萄篱架的类型

3.2.2　棚架

棚架就是在垂直立架顶端设横梁上牵引铁（8#）线，形成一个水平或倾斜状的棚面。因架的宽度或行距的大小及形式而分大棚架、小棚架和漏斗式棚架。

（1）大棚架与小棚架

在庭院面积充足的前提条件下，为创造葡萄架下天然的绿茵场地，通常采取株距 0.5 米，架根高 1.5 米，架面长约 6 米，终端架高 2.2 米，结果部位主要集中在棚架面上（图 3-11、图 3-12）。

由于葡萄枝蔓细长柔软，庭院葡萄园艺爱好者可随意创造自己喜欢的架形，对绿化、美化、香化居住环境具有重要的现实作用。若亲朋好友，夏秋季节来家作客，在葡萄架下围坐在桌旁，边品尝自家葡萄、美酒，边唠家常叙旧，或在庭院葡萄架下切磋棋艺……如此业余生活与葡萄花木为伍，是何等悠然自得，身心会自感舒爽。寄身于"春迎百花开，秋收葡萄香"的园林环境中，享受"亲朋好友常来往，二三知己朝夕会，绿荫棚下论古今，葡萄酒香助长谈"的诗情画意，不仅可以使人胸襟开阔，增加生活情趣，而且可缓解身心疲劳，培养高尚的品德，陶冶情操。所以庭院葡萄园艺不仅为人们提供葡萄果品、酒香，促进身心健康，在精神文明建设上给人们带来的反馈价值更是无与伦比。可见庭院葡萄园艺对于绿化、美化、香化居住环境，开发自然资源，改善人们生活质量，具有重要意义。

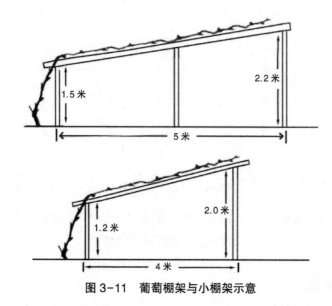

图 3-11　葡萄棚架与小棚架示意

图 3-12　庭院葡萄与葡萄架下营造的绿荫环境

（2）漏斗式棚架

漏斗式棚架多是单株式的，即栽植一株，多留主蔓，向四周引缚，形成漏斗状，漏斗架的柱高、柱距可根据庭院大小自行灵活确定，此种架式适于庭院采用（图3-13）。

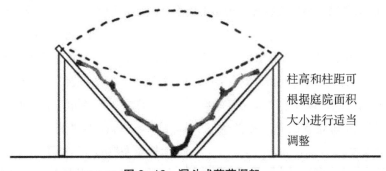

柱高和柱距可根据庭院面积大小进行适当调整

图3-13　漏斗式葡萄棚架

（3）棚篱架（棚立架）

棚篱架是棚架和篱架的结合式。即在同一架上兼有棚架和篱架两种架面，并都具有一定的产量，故称棚篱架。由于棚顶结构形式不同，又分为水平式、屋脊式、连迭式等形式（图3-14）。

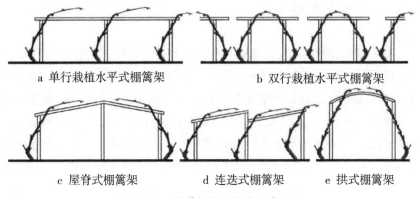

a 单行栽植水平式棚篱架　　　b 双行栽植水平式棚篱架

c 屋脊式棚篱架　　d 连迭式棚篱架　　e 拱式棚篱架

图3-14　葡萄棚篱架的主要类型

上述介绍的葡萄架式，是在庭院葡萄栽植生产中常见的几种主要类型，仅供庭院葡萄园艺爱好者应用时参考。实际上，在生产实践中，其规格、形式（如行距、架柱的高矮等）都有些变化，并不是一成不变的，故在应用时千万不能生搬硬套，尤其是庭院葡萄园艺，因其环境条件与规模（自然）葡萄生产园不同，庭院葡萄园艺除要有经济收入和产品食用外，更有其美化、绿化、香化住宅环境的要求，所以，其架式的选择与设计，应严格与住宅、庭院的环境条件、栽植目的、要求及其技术、经济条件结合起来综合考量。只有这样才能达到预想的目的。

3.3　庭院葡萄布局

所谓布局，是指庭院葡萄种植的组合、联系和构图。庭院葡萄的种植不

> 布局要善于利用地形、地貌创景造境，栽植位置要兼顾住宅和葡萄的光照，以便于防寒及日常管理，要做到立意明确、和谐统一、务虚求实。

但要充分考虑平面、空间，更要考虑环境、经济条件和艺术效果及人为创造性活动需求，使之达到形式美、内容美与经济效益适度的食果、观赏、休憩、保健高度统一。既具有绿意盎然的"生物环境"，又要借助造型艺术增强其艺术的感染力；布局要善于利用地形、地貌（尤其别墅型庭院）创景造境，使其自然美和造型美和谐大度；同时，布局还要考虑时间因素，葡萄本身是随时间、季节而变化，其春夏秋冬景色各异，栽培管理也不同。庭院葡萄是一门新兴的、高尚的"生物艺术"，所以，种植者要认真规划、审慎布局。

3.3.1　庭院葡萄栽植

庭院葡萄栽植时不能离墙根、房基等太近，即与建筑物之间要留有一定的距离，一方面便于防寒取土；另一方面防止彼此遮光。同时，也便于管理。东北的中北部地区一般葡萄植株在越冬时均需进行埋土（或其他保温材料覆盖）防寒，庭院（院落）栽植葡萄往往由于防寒不当而造成伤害，甚至全株死亡。在防寒问题上，栽培者应给予特别重视，并要了解葡萄植株的各个器官对低温的忍耐能力是不同的。例如，地上部枝蔓、芽的抗寒能力相对较强，欧亚品种在休眠期，成熟的冬芽能忍受 $-17\sim-16℃$ 的低温，成熟的枝蔓在 $-20\sim-18℃$ 发生冻害。而根系对低温的忍耐力就相对较弱，一般栽培品种葡萄的根系在 $-6\sim-5℃$ 发生冻害，有些欧亚品种在 $-4℃$ 即发生冻害。用贝达或山葡萄作砧木可提高抗寒力，其根系可抗 $-16\sim-11℃$ 的低温，致死临界温度分别为 $-14℃$ 和 $-18℃$。而庭院栽植葡萄往往忽视这一农业生物学特性，冬季表面上看埋了很厚的土（或其他如秸秆、树叶等覆盖物），却忽略了根系的防寒，尤其是埋土防寒时取土距根系太近，冷空气从取土沟的侧面侵入，使根系受冻死亡，这样地上部枝蔓虽未受冻，但其根系已死，致整株葡萄成了"无本之木"而自然干枯死亡。对根系防寒保护的幅（宽）度应在根的两侧各 1.5 米以外，即取土范围应在根系的两

侧 1.5 米以外，才能保护根系安全越冬，这就是栽植葡萄不能距墙根太近的原因之一。

葡萄栽植与建筑物之间留出相应的距离，可种植蔬菜、花卉或放置盆景。而在葡萄架下，夏天人们可纳凉、品茶、进餐、聊天。当然，也可种植耐荫蔬菜和花卉，如菠菜、芹菜、青椒、君子兰、秋海棠等，使庭院更加丰富多彩，令人心旷神怡。

3.3.2　庭院葡萄布局的原则

庭院葡萄园艺是生物艺术和经济技术的结合体，所以，布局的基本原则就是"既要满足物质文明的要求，又要满足精神文明的要求"，亦既要使葡萄产品——浆果丰获，又要满足美化环境的要求。以此，在布局上要做到以下几点。

立意明确：根据功能（产品是生食还是加工——汁、酒、干等）、性质（美化是主景还是配景、绿荫通道还是窗前花园等）确定栽培品种和栽培方式，做到景美意更美。

和谐统一：在布局上，和谐统一是一种艺术的重要手法，如栽植的位置、栽植方式（架式）、造型等，一定要与庭院建筑物、道路、水域及其他花木的种植等因素相匹配，形成彼此对应、互相衬托，又要突出各自的特点，使之彼此和谐，互相联系，产生完整统一、美而实惠的效果。

务虚求实：在种植葡萄之前，首先要根据庭院环境条件、经济实力、技术力量、种植目的，做好全面规划，必要时可请专家或有识之士进行咨询。在规划时从实际出发，切勿贪大求全，要结合庭院特点，针对环境条件的利弊，因地制宜，切忌生搬硬套。有条件的尤其面积较大的庭院，应绘制出规划图，做到务虚求实，虚实并举，有图在先、实施在后，葡萄长成之后的庭院，应给人一种"谈笑有鸿儒，往来无白丁"的高雅风尚之感。

3.3.3　栽植前的土壤准备

土壤准备是栽植好葡萄的一项重要工作，尤其是新开垦的生荒地，地面凹凸不平，杂草、树木丛生，有的基建用地残留大量的废弃水泥、砖瓦、石块，有的土壤贫瘠，有机质含量低，透气性差……为保证葡萄栽植后生长发育得好和便于管理，必须在栽植前针对不同情况进行土壤准备，如清除杂草、树根、砖瓦石块、残留水泥，平整地面，土壤深耕熟化，施肥，客土等。

葡萄根系在土壤中分布较深，一般情况下，多分布在20~80厘米土层内，并喜欢向疏松肥沃而潮湿的地方伸展，这就是栽植葡萄要先挖好定植沟或定植穴的缘由。栽植株距较密可挖定植沟，一般沟宽1米（双行栽植时应达1.5米），深0.6~1米，土质好的可浅些，不好的种植土壤则宜宽宜深。在株距较大时可挖定植穴，最好在栽植前一年的秋季挖好，以使土壤充分风（熟）化。挖沟或穴时，底土和表土分别堆放，并当年回填，回填（土）时，先将表土拌入一些有机肥料（如厩肥、堆肥等），尤其地表下20~40厘米处应多施入一些有机肥，有条件的平均每株可施入40~50千克，为翌春栽植做好准备。底土放在最上或留作封埯用。

3.4 小户型窗前花园的葡萄种植

小户型窗前种植葡萄，要特别注意种植位置和所采用的架式，充分利用植株调整、引缚造型和枝繁叶茂、果穗形美色艳的独有特点，配以花卉、盆景，自成可供享乐的小型花园。

所谓小户型，是指一般城镇居民的庭院。居家院落占地面积较小，所能利用的地面和空间有限，故可供栽植葡萄的株数不多，甚至仅能种植几株或十几株。由此，这种小户型要在窗前花园式地种植葡萄，既有其有利的一面，也有其不利的一面。有利的是，窗前虽面积不大，但种植方式灵活性大，不像葡萄生产园那样受栽培模式的限制，如栽植方式、株行距、架式、整枝形式等，均可随主人的意愿来定夺，又由于葡萄枝蔓柔软，可塑性强，可随意造型，与花卉、盆景配伍（葡萄本身就是很好的盆景材料），自然形成别具特色的窗前花园，令人心旷神怡；另外，栽植株数少，加之又在窗前，所以对土、肥、水、整枝绑蔓等管理及时，茶余饭后与园艺为伍，身心会自感舒爽。不利的是，窗前可利用的地面和空间不大，种植葡萄景观布局受到限制，只能随景而应，即景即位，而且品种搭配、栽植方式（架式）也比较单一。葡萄植株在生长季节枝繁叶茂，果穗形美色艳，香味浓郁，本身就具有美化、绿化的观赏价值，加之枝蔓可随意引缚造型，且可盆栽，即景即果，再以其他花卉陪衬，这本身就是独有风趣的窗前花园。具体布局应以庭院整体结构来规划和安排，一般依主人意向而定，主要有以下几种供参考。

（1）小棚架栽植

小棚架栽植是目前采用比较多的一种架式，其结果部位主要在棚架面上。因为棚架葡萄叶片受光面积大而均匀，果实着色好，枝蔓生长充实，能更好地美化环境。根据栽植的具体位置，其有两种引蔓方式（图3-15）：一种是葡萄栽植位置距离房基（窗户）较近，则葡萄在架面上引蔓向前（背窗）爬，即架面的低端（根柱）近窗，而梢柱在前远离窗户；另一种是葡萄栽植位置距房基较远，葡萄在架面上引蔓向后（向窗）爬，即架面的高端（梢柱）近窗，而根柱在前远离窗户。一般后一种方式较好，架面葡萄受光较好，而在室内就可从窗观景看果，夏天在葡萄架下乘凉、聊天、进餐等休闲活动也极为方便。但若棚架离窗太近，对室内光线有一定影响，栽植时应该注意。

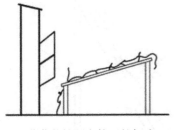 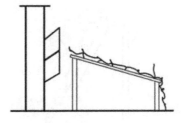

a 葡萄栽植距窗较近的架式　　　b 葡萄栽植距窗较远的架式

图3-15　窗前小棚架

小棚架的标准，前面已有所介绍，但庭院栽植葡萄，其架式规格千万不要拘泥于固定的模式，应根据庭院的具体情况和美化功能要求灵活运用。

（2）漏斗式棚架栽植

庭院小或可利用栽植葡萄的地块小，但空间大，可采用漏斗式棚架（图3-16），充分利用其周围建筑物或花圃、菜地顶部的空间，即在窗前的院中间栽1~2株葡萄，每株留2~3个主蔓，长成后将其引向四方，形成漏斗状。

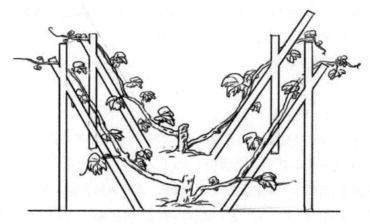

图 3-16　漏斗式棚架

（3）离壁形棚架栽植

　　窗前空地较窄，搭不成漏斗式棚架，这种情况下，可将葡萄留 2 个主蔓向两侧分开，形成离臂形，支架成离臂式棚架（图 3-17），而每个主蔓行扇形整枝，中、短梢修剪。

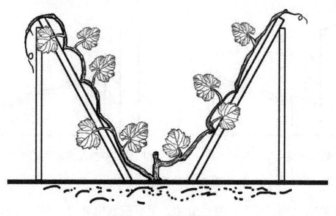

图 3-17　篱臂形棚架

3.5　普通户型窗前花园的葡萄篱架栽植

3.5.1　柱形篱架栽植

　　采用柱形篱架栽植葡萄，位置可设在窗前两侧，中间空地可栽花种菜

（图 3-18），这样既美观雅致，又可利用有限的空间，同时，又不影响室内光照。架柱可立 3~4 根，柱高 2.5~3 米，柱距 50~80 厘米，栽植 1~2 株葡萄，引蔓绕柱缠绕上爬，形成绿色彩柱，美观靓丽。

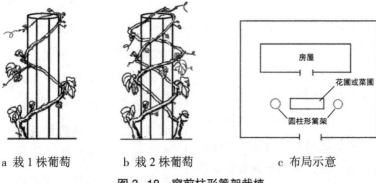

a 栽 1 株葡萄　　　b 栽 2 株葡萄　　　c 布局示意

图 3-18　窗前柱形篱架栽植

3.5.2　宽顶篱架栽植

此种架式适于庭院窗前地面较窄的住宅。在住宅窗前两侧各设一宽顶单篱架，在单篱架立柱的顶端设一长 0.6~1 米的横梁，所植葡萄采用龙干（单干或双干）整枝，新梢（延长枝）可通过横梁任其下垂，短梢修剪（图 3-19）；或横梁的两端各拉一道 8# 铁线，同样采用龙干整枝，主蔓引缚在篱架的支柱上，枝组发出结果枝（新梢）均引缚在横梁的铁线上，这样在窗前顶部形成一较窄的荫棚（图 3-20），既不影响室内光线，又可在窗前摆设盆景或种植花卉、蔬菜等。

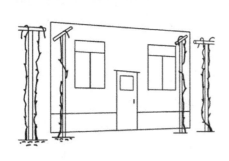

图 3-19　窗前宽顶篱架栽植

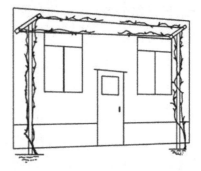

图 3-20　窗前宽顶篱架拉铁线栽植

3.6 别墅型庭院的葡萄种植

所谓别墅，泛指郊外或风景区供休养用的园林住宅，就是在本宅以外另建的园林住宅，多在郊外或风景区。《现代汉语辞海》对其解释是"在郊区或风景区建筑的供休养用的园林住宅"。上述解释的终极概念，"别墅"都是"园林住宅"。那什么是"园林"呢？园林就是一种人工营造的花园式风景点，通常是选择一处有限的面积作为园区，在里面堆山造水，植树种花，并配筑亭台楼阁，供人游玩休息。伴随改革开放，经济迅猛发展，人民生活普遍得到了提高，一些富裕的人们积极追寻着舒适、优美的居住环境，在有限的庭院内，堆山造水，种草营林（花果），布置小巧玲珑，体现"咫尺山林，小中见大"的意境。而葡萄在美化环境上具有独到的特点：首先，葡萄的适应性强，对土壤质地要求不大严格，对质地差的地块稍加改造即可栽植，而且品种繁多，适地广泛；其次，葡萄是蔓生植物，枝蔓柔软并具卷须，可自行攀附爬高，在栽培情况下，可人工引缚，极易造型，具有很强的观赏价值，而兼得人们非常喜观乐食的浆果，且功用广泛；再次，葡萄枝蔓柔软可塑性强，在别墅型庭院建设上，既可作主景，又可作配景、衬景。因此，葡萄种植在别墅型庭院建设上具有应用广泛、景果兼得的功能和效益。所以葡萄的种植在当前别墅型庭院中应用最为广泛。

> 别墅型庭院种植葡萄，要依地形、地貌特点和葡萄的特性、特征，运用园艺技术，造就一个既满足其功能要求，又满足景观要求的和谐自然的园林宅院，做到景美意靓、情景交融。

别墅型庭院的葡萄种植，在别墅型庭院建设总体规划上，要根据功能和性质确定主题，依据地形、地貌特点和葡萄的特性、特征，做到"因势取景、精在体宜、巧于因借、呼应环顾、避免造作"，尽量做到景美意靓，情景和谐交融，精神文明、物质文明双赢。即在规划设计上既要满足功能（交通、用地、产品）要求，又要满足景观要求，要因地制宜，综合考虑。

3.6.1 遮阴廊的葡萄种植

有顶的通道为廊。遮阴廊或称绿荫通道，也可称为篷（棚），其在别墅型庭院中应用最为广泛。如平地廊（大门至房宅的通道）、爬山廊（廊内可设踏步或斜坡）、水边廊（沿水边供人观赏水景）等均可用葡萄作为通道的遮阴篷，即在人行道的两侧栽上葡萄，以其棚架形成遮阴走廊，其架式可采用拱式棚篱架、屋脊式棚篱架或水平式棚篱架。行距4~6米，株距0.5~1.0米，架高2米以上，这样便于人行和运输物品，但不宜过高，过高易受风害且不便于管理，如夏季修剪、绑蔓和采摘果实等（图3-21）。

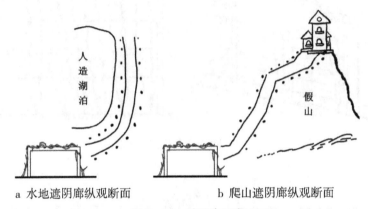

a 水地遮阴廊纵观断面　　　　b 爬山遮阴廊纵观断面

图 3-21　遮阴廊示意

（注：黑点为葡萄栽植位置）

3.6.2 美化假山、石山、墙壁的葡萄种植

在别墅中常有天然石山或堆砌的假山及墙壁，如不加以美化、绿化，就会感到枯寂，缺乏生气。这样可利用葡萄枝蔓柔软、卷须具有攀缘（或人工引缚）的特性，借助支柱或人工棚架向上缠绕与垂挂复地，而达到美化、绿化效果。或在山坡上或近墙根处放置一些盆栽葡萄，间配些其他花木盆景，这就使得一些立面缺乏生气或不美观的地面和墙壁变得生趣盎然，增添了观赏价值（图3-22）。同时也可解决局部因建筑拥挤、空地狭窄无法用乔木、灌木来绿化的弊病。当然，山地栽葡萄要注意土壤改良或客土，同时要考虑越冬防寒问题。山地（坡地）种植葡萄时采用小棚架或棚篱架，若坡不大，可采用连迭式棚篱架。墙壁的东、南、西侧均可以篱架形式栽培葡萄，上架后则可形成绿篱。

a 种植葡萄美化、绿化山坡

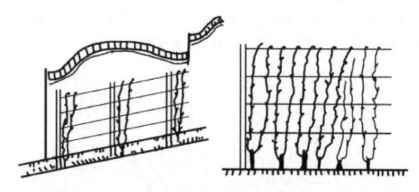

b 种植葡萄美化、绿化墙壁

c 盆栽葡萄美化、绿化墙壁

图 3-22　美化、绿化山坡、墙壁的葡萄种植

3.6.3　美化、绿化零星地块的葡萄种植

在别墅内多为地形不整，作总体园林规划时，对一些零星零散地块也不能忽视，除栽植一些绿化花木外，也可利用葡萄进行单植、双植、丛植，利用其枝蔓的高可塑生物学特性，借助支架，弯曲造就各种图形，从而使景果兼得、情趣别致（图 3-23）。

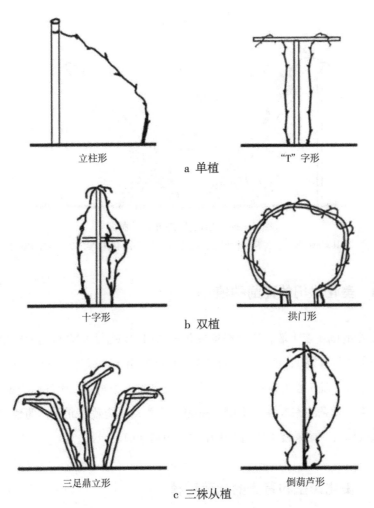

立柱形   a 单植   "T"字形

十字形   b 双植   拱门形

三足鼎立形   c 三株丛植   倒葫芦形

图3-23　葡萄单植、双植、丛植及其造型

　　另有的零星地块，如同小的孤岛，面积不大，但其空间大，若想栽植葡萄，可采用漏斗式棚架，栽植1~2株葡萄，共留3~4个主蔓，引向四周，形成漏斗式圆棚架（其棚架的大小，可视其面积大小灵活而定，但要考虑取土防寒问题，故不宜过大），从而形成一个独立景观（图3-24）。到秋天，叶片由绿变红至黄，浆果果穗自然下垂，形同彩灯，在别墅型庭院，自然别有韵味。

　　零星地块种植葡萄，应注意以下三点：一是注意土壤质地，若土壤质地不良应进行改造，若砖瓦石块过多或有建筑垃圾等应清除；二是地势低洼或地下水位过高（土层不足1米），则不宜栽种葡萄；三是利用枝蔓造型的葡萄，其新梢（结果蔓）均采用短梢修剪。

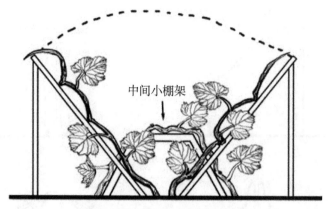

中间小棚架

图 3-24 "孤岛"漏斗式圆棚架

（注：若其圆棚架较大，在满足光照通透的前提下可加设中间小棚架，以增加结果空间）

3.6.4 美化拱门的葡萄种植

别墅的围（院）墙，通常修砌成各式拱门，以往人们多数用攀缘植物如爬山虎（自行攀高）、牵牛花、啤酒花（借绳牵引）等绿化、美化。近年来，不少别墅围（院）墙尤其拱门，以葡萄美化装饰，显得更有生气而美观实用。但应注意，葡萄应栽在墙的南侧、东侧或西侧，不能栽在北侧，葡萄枝蔓以绳或铁线牵引，结果枝（新梢）采用中、短梢修剪。

3.6.5 美化影壁和背景的葡萄种植

影壁：在大门内或屏门内对房屋院落起屏蔽作用的墙壁；门外正对大门的照壁（在门楼内外或厅堂前，正对着门楼或厅堂的一段独立的横墙，起屏蔽作用，上边多有图案、文字），也说影壁。其往往饰以浮雕，是壁塑艺术的一种。别墅的影壁，若迎（向）侧（东、南、西）或在影壁两侧栽上葡萄，进行装饰美化，就会更具有诗情画意；也可以篱架（单行或双行）式栽葡萄作为半透明的影壁（图 3-25）。若栽的是山葡萄，冬天可不下架，尚可做成"编篱"（编篱或蔓篱可作范围边界和围护，分隔空间，屏障视线，规划区的区划线）；如果栽的是优良鲜食葡萄品种，冬天下架防寒，可设冬置的临时屏障代替（影壁），也不失装饰体统。

背景：衬托主体形象的背后景物。若别墅内某个角落或部分地块零乱，暂时无法绿化装饰而感到枯燥乏味，可栽植葡萄分隔空间和屏障视线，也可作花境（以多年生花卉及开花灌木为主组成的带状地段）、花坛（四周围有矮墙或砖石砌边的种植花卉的植床）、花架、喷泉、水池的背景和美化挡土墙，以增强美感。

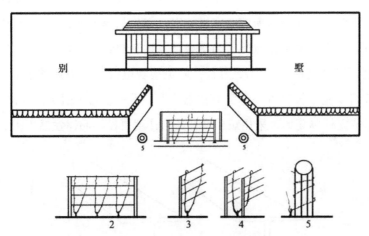

1—影壁；2—篱架屏（壁）；3—单篱架种植；4—双篱架种植；5—圆柱形篱架。

图 3-25　美化影壁葡萄种植示意

3.6.6　葡萄绿亭

　　"亭"在别墅的园林设计中是最常见的休息、眺望、遮阳的景点设施，"亭"的形式多种多样，而葡萄绿亭是以栽植葡萄利用其枝蔓编织而成，其"亭"顶也可以是其他建筑材料（如木板、塑料瓦、石棉瓦等）建成。"葡萄绿亭"如与其他亭阁等建筑物配置，就会显得更加生机盎然（图 3-26）。亭的形式多种多样，可圆、可方……依庭院主人情趣爱好自定。

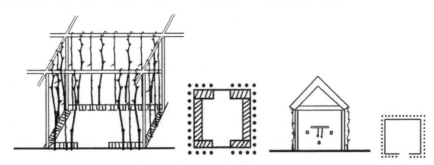

图 3-26　葡萄绿亭示意

（注：黑点为葡萄植株种植位置）

3.6.7　美化电柱的葡萄种植

　　别墅内，势必有些电柱，如照明用电柱、电话用电柱等，这些电柱如不加以装饰美化，往往会显得单调、枯燥，若在电柱旁栽上 1~2 株葡萄，采用龙干整枝，向上引缚缠绕在电柱上，在生长季节就如同青龙盘柱，蕴意深刻，加之浆果果穗点缀，绚丽夺目，别有韵致，但葡萄枝蔓应控制攀升高度，以柱高的 1/3~1/2 为宜，避免接触电线、发生短路事故。如果将葡萄留双蔓整枝，可一蔓引缚在电柱上，另一蔓弯（引）向反侧的立柱上，形成立柱单蔓形，采用短梢修剪，这样就更显得韵律盎然（图3-27）。

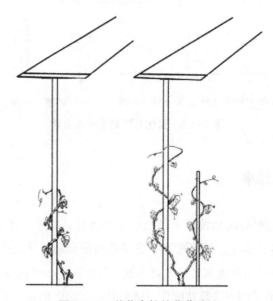

图 3-27　美化电柱的葡萄种植

3.6.8　别墅内规模化葡萄种植

　　若别墅内范围较大，有较多的空闲地，且地势较为平坦，可规划为菜园或花圃，如地势不太平坦或坡地，可规划为较有规模的葡萄园，当然平坦地栽植葡萄更好。架式可采用小棚架、棚篱架、连棚架等。在别墅入口处可采取连棚架式栽植直至别墅楼前，形成天然绿荫走廊（图3-28）。株距一般为0.5 米、行距 5~6 米，龙干（单干或双干）整枝，中、短梢修剪。栽前应注意平整土地或土壤改良。

图 3-28　连棚架式

3.7　乡村庭院的葡萄种植

乡村即农村。乡村庭院指农村居民住宅房前屋后的田园，环境较为空旷，庭院面积相对较大，可利用种植葡萄的自然条件较为优越。随着改革开放以来农村经济政策的不断落实，人们的生活水平得到显著提高，住宅环境普遍得到改善，人们对住宅环境绿化、美化、香化的要求越来越迫切，对其规格标准的要求也越来越高。葡萄用途广，枝蔓柔软韧性强，可随意弯曲，容易造型，有着相当的经济效益和社会效益，自然是乡村庭院首选园艺作物之一。

> 乡村庭院种植葡萄，是"小天地"里干"大事"的事业。其既可增加家庭收入，又可促进农村经济发展，同时美化了农民居住环境，所以葡萄是乡村庭院种植作物的首选。

乡村庭院种植葡萄所采用的架式或栽培方式应灵活多样，不拘一格，因地制宜，适地设置，合理布局，以能获得理想产量、质优味佳和美化环境为目的。

3.7.1　乡村庭院房前屋后棚篱架栽植葡萄

若房前屋后庭院面积较大，院落较深，地面又较为平坦，可进行双行或单行棚篱架栽植葡萄，建成一个典型的家庭葡萄园（图 3-29），进行规模生产，架下和行间还可适当种植一些蔬菜（如茄子、青椒、绿叶菜等）、花卉或中草药等，这样既美化了庭院环境，又有相当经济效益。

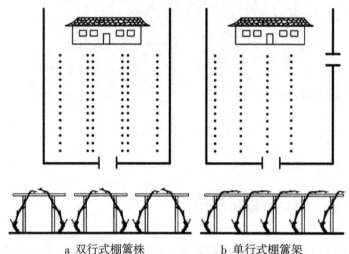

a 双行式棚篱株　　　　b 单行式棚篱架

图3-29　房前棚篱架栽植葡萄

（注：黑点为葡萄植株种植位置）

栽植葡萄距离，双行棚篱架的大行距一般为4~6米，也可3米，视具体情况而定，小行距为0.5~1.0米；单行棚篱架行距为4~6米。两者株距均为0.5~1.0米。两者架高应在2米以上，这样便于人行和物品运输，但不易过高，过高易受风害，也不利于夏季修剪、绑蔓和下架防寒等管理。

若房后栽植葡萄，要考虑房高挡光问题，故应适当远离房基，以免影响葡萄光照。

3.7.2　乡村庭院通道式棚篱架葡萄栽植

若庭院院落较深，院脖（通道）较长，可采取通道式棚篱架栽植葡萄（图3-30），就是在人行道顶上搭葡萄架，即从大门通向房门——南、北、东、西大门均可。该棚篱架的架式，可根据架材而定，取拱式棚篱架、屋脊式棚篱架或水平式棚篱架均可，行距4~6米，株距0.5~1.0米，架高2米以上。龙干（独龙或双龙）整枝方式（详见4.1.1）。

通道式棚篱架的优点是有效地利用了人行道的上空，又不遮挡室内光线，既美化了环境，又不影响庭院其他安排，如两侧可种蔬菜、药材、花卉或放置盆景等。

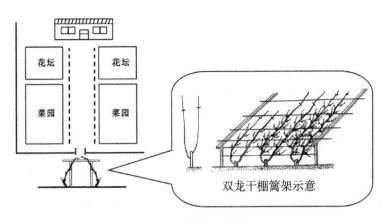

图 3-30　通道式棚篱架

3.7.3　乡村庭院窗前的棚架葡萄种植

鉴于乡村总体规划与道路设计等，乡村庭院有时不得不开东大门或西大门，这样庭院在窗前栽植葡萄就有很多好处，一是可有效利用土地和空间；二是管理方便；三是坐在屋里就可看果。

窗前栽植葡萄，一般多采用小棚架或棚篱架（注意：棚架与棚篱架的区别就在于后排架柱——通称架根的高度，大棚架架根的高度一般是 1.0~1.2 米，小棚架架根的高度是 0.5~1.0 米，而棚篱架的架根高度是 1.5~1.8 米）。若葡萄栽植距房基较近（应在 3 米以外），其棚架方向朝南，即引蔓由北向南；若葡萄栽植距房屋较远，其棚架方向朝北，引蔓由南向北（图 3-31）。若在平屋房北栽植葡萄，距房基至少要 5 米，以免房子挡光，影响葡萄的生长发育。

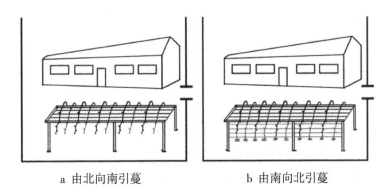

a　由北向南引蔓　　　　　　b　由南向北引蔓

图 3-31　窗前棚架栽植葡萄模式

如果宅房东或西面庭院院落较长，可安排一段通道式棚篱架，创造"庭院深深几许"的境界，使人一进院门就置身于荫棚之中，给人一种环境幽静素雅的感觉，这种布局有效地利用了空间，占地较少（图3-32）。

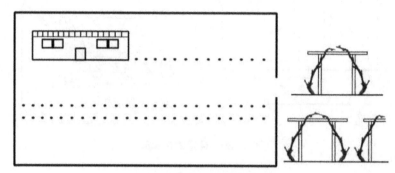

图 3-32　窗前通道式棚篱架

（注：黑点代表葡萄栽植位置）

3.7.4 "房山"棚篱架栽植葡萄

若房屋前后空地面积不大，而其两侧空地面积较大，如欲栽植葡萄，可采用棚篱架，引葡萄枝蔓向房上延伸。面积大可采用连棚架栽植，即栽 2~3 行（图3-33）。

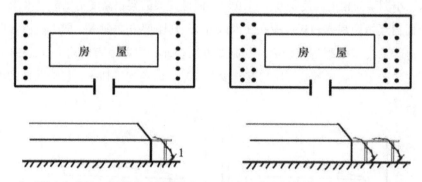

a 在"房山"栽植1行葡萄（棚篱架）　　b 在"房山"栽植2行葡萄（连棚架）

图 3-33　房山棚篱架栽植葡萄

若"房山"空地不大，可利用的面积小，则可采用（单或双壁）篱架栽植，但要距"房山"2 米以外，否则房子挡光过强，影响葡萄的生长发育。这种篱架越高采光越好（图3-34），对葡萄的生长发育越有利，哪怕与房子山墙同高也无碍，但太高对枝蔓管理不便，这也是必须要考虑的。

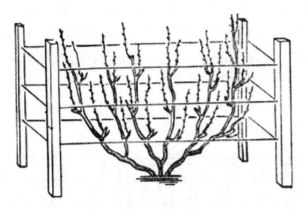

图 3-34 多主蔓双壁篱架

3.7.5 沿庭院四周的围墙（或障子）栽植葡萄

在农村，有的家庭庭院主要地块是用来种植蔬菜，以满足日常生活对蔬菜的需要，但也想在有限的庭院中栽植一些葡萄，以期获得对葡萄浆果的需求——鲜食、制汁或酿酒。这样可沿庭院的四周，在围墙或障子的内侧栽植葡萄，其架式可因地制宜，采用简易棚（斜）架或篱（立）架（图 3-35）。应注意，若南墙不是土墙、砖墙、石墙而是篱障也可栽植葡萄，若是砖墙、石墙则北侧不宜栽植，因墙体挡光，影响葡萄生长发育，葡萄栽植应距墙或障根 1.5 米以外，以便防寒取土（或其他防寒覆盖物），栽植株距 0.5~1.0米，龙干（独龙或双龙）整枝，新梢（结果枝）采用中、短梢修剪。

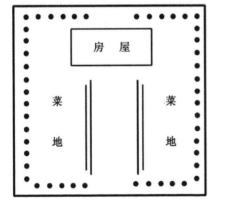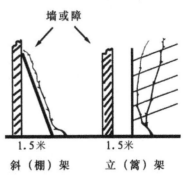

图 3-35 沿庭院四周的围墙或篱障栽植葡萄

（注：黑点代表葡萄种植位置）

若栽植山葡萄，搭成篱架，可作为庭院四周的围障，俗称"围篱"。由于山葡萄抗寒能力强，冬天不用下架防寒，故可利用其枝蔓编成花篱，俗称"编篱""蔓篱""活篱"（图 3-36）。这样在生长季节成绿篱，秋天叶片由绿变红和黄色，并有紫黑色的浆果果穗陪衬，而在冬天落叶后则成棕色的"花篱"。既起到围墙的防护作用，又起到美化、绿化庭院的作用。同时又获得浆果，既可制汁作饮料，又可酿酒，可谓一举多得。

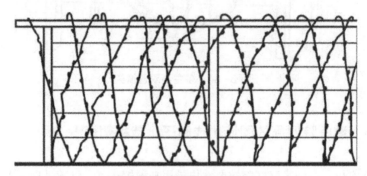

图 3-36 葡萄蔓篱（编篱）

蔓篱立架柱高为 1.8~2.5 米，拉 4~5 道横线（8$^{\#}$铁线），栽植株距为 0.5~1.0 米，通常采用双龙立架式编篱。

4 庭院葡萄的园艺措施

庭院葡萄的园艺措施，包括整形修剪，土、肥、水管理，葡萄植株的越冬保护及病虫害防治等，与普通葡萄生产园的管理大体相同，但由于庭院葡萄所处的环境条件及其功能，又增添了不少有别于生产园的特点，相对而言，就是投入大、付出劳动多，采用新技术广，进行精耕细作、丰产质优、美化环境等多赢的集约化管理。

4.1 庭院葡萄的整形

庭院葡萄园艺的立意关键，不仅要获得高产质佳的浆果产品，而且还要兼顾美化环境。若不了解葡萄整形修剪的意义，或不懂整形修剪技术，致使葡萄枝蔓肆意生长乱爬，放任自流，而导致花开不少，结果不多，甚或根本就不开花，造成既不结果（或很少结果），架面又不美观，甚至病虫丛生，进而影响植株寿命。所以庭院葡萄园艺对葡萄的整形修剪应该重视，切不可忽视大意。

> 庭院葡萄园艺管理的核心，不仅在于获得相应的丰产质优产品——浆果，而且还要兼顾（甚至是核心要素）绿化、美化、香化居住环境。因此，所行使的一切技术措施都必须着眼于此。

整形和修剪，是一个问题的两个方面。所谓整形，即整枝，就是根据栽培方式结合栽培目的，人为地将葡萄植株整成一定的株形，如扇形、龙干形等；而修剪则是一项基本操作技术。整形与修剪是相互配合、密切联系的，整形是通过修剪完成的，而修剪是在整形的基础上进行的。修剪是根据生长、结果的需要用以改善通风透光条件，调节养分分配，转化枝类（营养枝、结果枝）组成，促进和控制其生长发育（营养生长和生殖生长）的一种手段。同时，在庭院葡萄园艺措施中，修剪是植株造型美化的一种技艺手段。

庭院葡萄整形的目的在于尽早使葡萄进入盛果期，获得连年高产质优的浆果果实，又能适应当地环境条件，并起到美化居住环境的作用，同时能延长植株寿命和结果年限，且管理方便。由此，在冬季需要防寒的地区，其整枝形式（株形）都必须首先考虑下架埋土或覆盖其他防寒物的问题，即多采用无主干（或极短）的直接从地面培养的几个主蔓，使每个主蔓不致过粗而便于下架按倒防寒。下面介绍几种无主干的龙干整枝和扇形整枝形式。

4.1.1　龙干整枝

葡萄整形修剪的目的是调节、控制植株的营养分配中心，使营养生长和生殖生长相互协调发展，使之丰产、质佳、长寿，或调整枝姿为造型美化服务。通过整形修剪，既达到果香（丰产）又美化环境，这是庭院葡萄园艺与普通生产园的最大区别。所以，每动一剪子，都必须兼顾产品产量与美化的问题。

所谓龙干整枝，就是每株葡萄在架面上留1~2个主蔓（也就是在主干上留1~2个主蔓）。只留1个主蔓的称"独龙干"（或"一条龙"）整枝；留2个主蔓的称"双龙干"（或"两条龙"）整枝。在主蔓上每隔20~30厘米配置1个枝组，每个枝组配置1~2个短梢结果母枝，这就是俗称的"龙爪"，因此，主蔓也就称为龙干（图4-1）。至于龙干整枝留1个主蔓还是留2个主蔓好，这主要决定于葡萄栽植的株距，若株距为80~100厘米，就要留2个主蔓；若株距是40~50厘米，就留1个主蔓，以保持主蔓在架面上40~50厘米的蔓距。

龙干整枝的优点是，既适用于棚架，也适用于篱架。采用短梢修剪，使其结果部位紧凑，也易于保持稳定的树形，且适于密植，便于管理，宜于高产稳产，便于造型美化环境。所以，目前在生产上和庭院葡萄园艺上应用较多。现将双龙干的整枝过程简述如下。

假设在葡萄栽植当年，其只长出1个新蔓（梢），这个新蔓就是将来的主干，可在4~5片叶时摘心，摘心后在抽生的副梢中选择强壮的新梢培养成2个主蔓；若栽植当年发出2~3个新梢，选出2个新梢作主蔓，夏季对其叶腋中发出的副梢留1片叶摘心，在当年冬剪时依据枝蔓成熟情况，留5~8节剪截。若冬剪时只有1个粗壮主蔓，而另一个发育较弱而又成熟不好，可采取一长一短的剪法，即对较弱的枝蔓进行短截，促其下一年再发出好的枝蔓，完成2个主蔓，长的下一年可以结果。

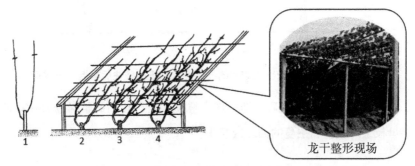

1—定植后选2个新梢作主蔓，冬剪时在成熟节位剪截；
2—第二年冬剪时，延长枝长剪，其他枝短截；
3—第三年冬剪时，延长枝长剪，过密、过弱、过强枝疏除，其他枝短截；
4—第四年延长枝爬满架后，完成整形，按常规冬剪。

图4-1 葡萄双龙干整枝示意

第二年，成熟较好的主蔓，往往可以结果，所以在其萌发后，近地表20厘米以下的芽应抹去，其上根据空间情况交错配置强壮新梢，一般可每隔20~30厘米留1个，以培养成结果枝组。为使幼树尽早获得产量，可适当多留些结果枝来结果，待结一年果后于冬剪时疏去。对主蔓延长枝要适当长留，作为以后结果母枝用的新蔓（梢）留3~4节剪截。

第三年，在每个结果母枝上选留2~3个结果枝，在冬剪时选2个好的成熟新梢剪留3~4节，即形成结果母枝组。

若定植当年长出的枝蔓较弱，就要及时处理副梢，即留1片叶摘心，到秋天落叶后把副梢全部从基部剪去，主蔓留2~3个芽眼短截。第二年夏天所留的芽发出2个新梢，这就是将来的2个主蔓，冬剪时把副梢从基部剪去，再根据新梢的成熟情况剪留8~10节而形成2个主蔓，这样往后推迟一年成形（图4-2）。第三年各芽抽生的新梢，把两个主蔓先端的新梢培养成延长枝，其余按结果枝处理。

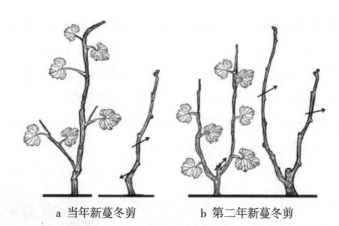

a 当年新蔓冬剪　　　　　b 第二年新蔓冬剪

图 4-2　定植当年长出的较弱的枝蔓经双龙干整枝往后推迟一年成形

全株结果母枝组形成后，即完成了整枝过程。以后的整形修剪，只是对结果母枝组的更新和主蔓的回缩或换头。

4.1.2　扇形整枝

所谓扇形整枝，就是植株具有较多的主蔓，主蔓上着生枝组和结果母枝，在架面上呈扇形分布。其一般株距为 1.2~1.5 米，主蔓的数量为 3~5 个，各主蔓在架面相距 40~50 厘米（图 4-3）。扇形整枝既可用于棚架，又可用于篱架。这种树形在整形修剪上有很大的灵活性，主蔓数量及主蔓上的枝组数量没有严格规定，各主蔓之间的粗度、长度和年龄也不一致，主蔓上有时还可以分生侧蔓。结果母枝的修剪，多采用长、中、短梢混合修剪。这种树形整枝比较容易，成形也快，也能得到较高的产量和质量。但其缺点也比较突出：首先，由于枝蔓多，架面较为混乱，缺乏修剪经验的人对留芽量、留枝密度、枝组安排及修剪轻重程度等均难以做到恰如其分；其次，若主蔓较长，加上架面的垂直引缚，容易出现上强下弱，结果部位上移，而使下部光秃，不易维持稳定的树形；再次，枝蔓在棚架面上易出现分布不均现象，如果控制不当，容易造成后部空虚。所以，在采用扇形整枝时要特别注意并及时调整。

扇形整枝过程：栽植的葡萄苗木一般都具有 3~5 个芽眼，定植当年如萌发 3~4 个新梢，可选留 3 个健壮的新梢作主蔓，夏剪时副梢留 1 片叶摘心，并注意新蔓立柱引缚，促进生长。冬剪时视其枝蔓粗细和成熟情况留 5~8 节剪截，把副梢从基部剪去。若萌发的新梢不足 3~4 个时，选留 1~2 个健壮新梢作主蔓，对弱的枝蔓在冬剪时短剪，待第二年萌发健壮新梢再补上主蔓的不足。如果植株只萌发出 1 个新梢（新蔓）且生长较好时，可在新梢发出 5~6 片叶时，留 4 片叶摘心，促使萌发副梢，以培养其作为主蔓用。到冬季修剪时，依其枝蔓成熟情况进行修剪，一般留 5~8 节进行剪截，成熟再好留的长度也不要超过 10 节以上。

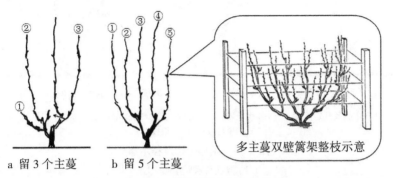

a 留 3 个主蔓　　b 留 5 个主蔓　　多主蔓双壁篱架整枝示意

图 4-3　多主蔓扇形整枝示意

生长季节中新梢上发出的副梢，依生长势强弱留 1~2 片叶摘心，副梢摘心后，副梢上又会长出副梢，再留 1 片叶摘心。到 8 月中旬对所有新梢顶端一律摘心，以抑制生长，促进枝蔓成熟。

第二年，所留的蔓上会发出几个新梢，凡近地表 20 厘米以下的新梢应全部抹去，以便改善植株基部的通风透光条件。各蔓上选留 1 个壮梢向前伸长作主蔓的延长蔓，其余新梢尽可能保留培养成结果母枝或枝组。对过密的或细弱的可以疏除。冬剪时各主蔓的延长蔓进行长梢修剪，其余的可根据架面空间情况或其功用，进行长、中、短梢混合修剪，为翌年的结果母枝。

主蔓留多少，在夏季修剪时就要根据架式情况具体考虑安排。留作主蔓的新梢长放，不留作主蔓的新梢要短留，早些摘心，即按结果枝或发育枝处理。具体摘心和副梢处理方法见修剪部分。

第三年，按上述原则继续培养主蔓和枝组。继续在主蔓顶端选留一个壮梢作延长蔓，对每个结果母枝上发出的新梢选留几个作结果蔓使其结果。在有空间的情况下，也可留作生长蔓，以作明年的结果母枝（也称预备枝）。冬剪时，对主蔓延长蔓进行长梢修剪，对结果母枝依据具体情况进行长梢或中梢或短梢修剪。到此，扇形整枝基本完成（图 4-4），以后的任务就是对主蔓和结果母枝的更新问题。

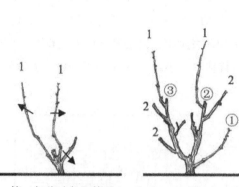

a 第一年秋（冬）剪后　　b 第二年秋（冬）剪后　　c 第三年秋（冬）剪后

1—主蔓及其延长枝（第一年生长弱，经修剪后，第二年长出①、②、③3个主蔓）；
2—结果母枝；3—结果枝组。

图 4-4　扇形整枝过程示意

（注：箭头所示为剪截部位）

4.2　庭院葡萄修剪

　　葡萄的生长势很强，新梢不仅生长速度快，而且在一个生长期中呈现多次萌发、多次生长，如不及时控制调整，不仅树形紊乱，影响通风透光，影响浆果产量和质量，而且影响植株寿命。因此，葡萄的修剪是其管理中极其重要的技术措施之一。

　　修剪的目的在于继续维持良好的株型，便于管理；调节营养生长和生殖生长的协调关系，即调节植株各部分的生长和结果的平衡发展，使结果部位（结果枝）在植株上均衡分布，克服上强（前强）下弱（后弱）或下强上弱的弊病，从而达到丰产稳产、质优、长寿（结果年限长）和美化环境的目的。

　　这里应该指出的是，修剪的作用具有两重性，即增强作用和削弱作用。也就是说，在一定条件下修剪可使被剪枝条的生长势增强，而对整个植株的生长却有削弱作用，或者说对局部起增强作用，对整体起削弱作用。如短截或摘心，对局部生长有增强、刺激作用，因伤口附近的芽（或留下部分）所得到养分和原来比较相应增多，所以，芽萌发后呈直立生长，叶片浓绿，生长旺盛；但对整个植株却有削弱作用，因为留下的生长点远不如原来总生长点的总量，所以，叶面积总量减少，植株体积缩小，养分相应制造得少了，根系得到的养分也相应减少，随着根系生长受到抑制，从而又抑制了地上部植株的生长。

疏枝（蔓）也是一样，因疏枝是从基部去掉，对母枝所造成的伤口其前边（上部）的芽或枝起抑制作用，对伤口后边（下部）的枝、芽起促进作用或增强作用，这主要是伤口愈合消耗不少的营养物质或营养运输受到阻碍的结果。但疏枝时如果剪口前边（上部）的是强枝，而疏去的是弱枝，则削弱不明显。

一般来讲，在枝蔓生长较弱时，随着长势的增强，花芽分化增强；若枝蔓长势超过正常水平（如徒长或过多过密），则随着长势的增强，花芽形成减少。若结果过多、负载过量或管理不善，致使植株生长衰弱；若修剪过重、留果过少、施肥过多等，造成植株生长过旺，都会减少花芽形成，降低植株的结实能力。所以，通过修剪调节生长与结果的关系，使植株的生长保持正常，才能保证花芽分化，形成足够的花芽，保证丰产、稳产、质佳、寿长。

修剪就是依据这些原理来掌握，达到植株各部分的平衡，防止某部分生长过旺或过弱，达到预想的目的。

4.2.1 冬季修剪

冬季修剪，又称冬剪或休眠期修剪。即每年从秋天落叶后到翌年萌芽前进行。实际葡萄冬季防寒地区冬剪，多定在入冬防寒前（晚秋 10 月中下旬）进行。目的是通过冬剪剪掉部分枝蔓，便于下架捆绑埋土防寒，并保证一定数量的芽眼，调节生长和结果的关系，保证每年发出良好的新生枝蔓，获得高产、稳产，达到美化作用。

山葡萄冬天不用埋土防寒，故冬剪可推迟到早春 3 月伤流前进行。

（1）留芽量与留枝量

在以产果为主的庭院葡萄园艺冬剪，要考虑留芽量和留枝量的问题，因其直接关系到来年的生长和结果。如果留芽量过少、结果枝数量不够，则会造成架面空虚、产量下降；若留芽量过多，则植株负载量过大，导致营养不足，落花落果严重，致使果穗稀疏且小，浆果品质差，到秋天枝蔓成熟也不好。所以，适宜的留芽量与留枝量，可使架面枝蔓分布适度，植株负载量合理。既能当年高产质佳，枝蔓成熟良好，又能为来年丰产打下好的基础。经验认为，一般情况下，每平方米架面大致可容纳新梢 15~20 根，依此，可根据树势（植株生长势）加以增减。具体可参照下式方法计算：

$$每株母枝剪留数 = \frac{计划每株产量}{每母枝平均留果枝数 \times 每果枝平均穗数 \times 每果穗平均重量}$$

例如，每个母枝平均留果枝 2 个，每果枝平均穗数 1.5 个，每果穗平均重量为 0.25 千克，每株计划产量 15 千克，则

$$每株母枝剪留数 = \frac{15}{2 \times 1.5 \times 0.25} = 20（个）$$

$$每平方米架面留芽量 = \frac{每平方米架面所需果枝数}{（1 - 损伤率）\times 萌芽率 \times 果枝率}$$

例如，每平方米架面留果枝 15 个，萌芽率为 58%，果枝率为 70%，上下架时芽眼损伤率为 8%，则

$$每平方米架面留芽量 = \frac{15}{（1 - 8\%）\times 58\% \times 70\%} \approx 40（个）$$

如用 2~3 节短梢修剪，则需留结果母枝 14~20 个 [40 ÷（2~3）=（14~20）]。如果中、长梢修剪，则留结果母枝数可减少。

庭院葡萄园艺还可根据植株长势和计划产量来确定留芽量。如当年植株长势正常，产量高、品质好，则在冬剪时，可按上年的留芽量修剪；若当年植株（枝条）长势过旺，则说明上年留芽过少，冬剪时就该加大留芽量；若枝条生长细弱，就应当减少留芽量。

也可根据植株长势及管理水平，先确定单株计划产量，再确定留芽量：

$$留芽量（株）= \frac{单株计划产量}{萌芽率 \times 果枝率 \times 穗数/果枝 \times 平均穗重}$$

（2）冬季修剪方法

葡萄的冬剪主要是运用疏剪、短截两种方法。

疏剪：即疏枝（从基部剪去），就是疏去不需要的或发育不好的枝蔓，使植株保持在各个主蔓上能够按一定距离配备好结果母枝组。

短截：也叫短剪，就是把枝蔓剪留到所需要的长度。确定剪留长度的依据，主要是看修剪目的和新梢成熟度、芽眼饱满程度及新梢粗度等新梢质量。

在修剪中，一般把新梢（结果母枝）剪留 1~4 节（芽）的，称为短梢修剪；剪留 5~7 节（芽）的，称为中梢修剪；剪留 8 节（芽）以上的，称为长梢修剪。有的为更确切一些，把剪留长度超过 12 节的，称为超长梢修剪；仅留 1~2 节的，称为超短梢修剪。长、中、短梢配合修剪，则称为混合修剪。究竟采用哪种剪法合适，主要看该葡萄的生长结果特性，对枝蔓基部结实力低或

果穗较小的品种，宜采用中、长梢修剪；对生长势强的、新梢成熟好的，可适当长留；枝蔓基部芽眼结实率高的品种或生长弱的，成熟不好的、细的，则应采用短梢修剪；植株上结果母枝较少，架面枝蔓稀疏的地方，可适当长留，以便充分利用空间；夏季修剪严格的可短剪；用作主、侧蔓的延长蔓应长留，一旦延长蔓生长转弱时，就应及时回缩更新，作为主蔓更新用的预备蔓要长留。

（3）更新修剪

为使结果部位控制在适宜的范围，对结果部位上移或前移太快的枝蔓（结果母枝）进行回缩修剪，利用其附近或基部发出的成熟新梢来代替，即为更新修剪。其分为单枝更新、双枝更新和主蔓更新等形式。

单枝更新：这是一个比较简单的更新方法，即冬剪时，在结果部位只留一个结果母枝，不留预备枝，依其生长情况进行长、中、短梢修剪。第二年冬剪时，选留其中一个生长粗壮的枝蔓作结果母枝。将上部已经完成结果任务的枝条全部剪除（图4-5）。以后每年以此类推，始终用基部芽抽生的枝蔓作为下一年的结果母枝。

a 第一年冬剪只留一个结果母枝不留预备枝　　b 第二年冬剪留预备枝

1—头一年秋（冬）剪留的结果母枝留2~3个芽，第二年长出的结果枝，完成结果任务后连其部分母枝一起剪除；

2—第二年秋（冬）修剪时，将结果母枝基部发出的一个壮枝，再进行适当短截为下一年（第三年）结果和更新用，箭头所示为剪截部位；

3—冬季修剪后，又恢复更新至"1"的状态。

图4-5 单枝更新修剪示意

单枝更新有一定的缺点，即不容易控制，主要是一般基部发出的枝条不如上部的生长旺盛，所以，为促进基部发出健壮的新梢，需在引缚结果母枝时，采用弯曲（弓形）引缚。

　　若每年冬剪时选留靠近主蔓的新梢作为短梢结果母枝，也可使结果部位不致外移。但多年后，枝组基轴过长时，就应利用基部潜伏芽发出的新梢进行回缩更新，使结果部位不远离主蔓。有时在某一结果部位没有发出成熟新梢供单枝或双枝更新时，也可利用附近由潜伏芽发出的成熟新梢进行枝组更新（图4-6）。

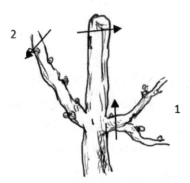

1—枝轴上发出的两个新梢因不成熟而从基部剪掉；2—由潜伏芽萌发的成熟新梢来更新附近的弱枝组。

图4-6　利用潜伏芽更新枝组

　　双枝更新：就是在中梢或长梢的下位，留一个具有两个芽的预备枝，当中、长梢完成结果任务后，冬剪时在预备枝上方剪除。预备枝上发出的两个新梢，靠上位的仍按中、长梢修剪，下位的剪留两个芽作预备枝，以后每年依此往复（图4-7）。

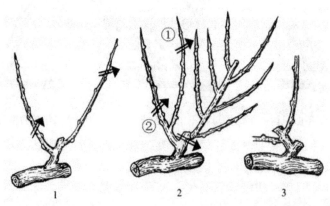

1—第一年秋长梢修剪的结果母枝，长出4~6个结果枝完成结果任务后，第二年秋（冬）剪，连同老蔓基部一起疏除；

2—第一年短梢修剪的预备枝，第二年发出两个新梢，冬剪时对①进行长梢修剪，对②进行短梢修剪，为下一年修剪的预备枝；

3—第二年修剪后，又更新为第一年冬季修剪后"1"的状态。

图4-7　葡萄双枝更新修剪法

主蔓更新：随树龄的增长和枝蔓的老化，树势逐渐衰弱，随着萌芽力降低，结实能力下降。或因管理不善，出现结果部位前移，甚至出现光杆现象。因此，应对主蔓进行更新，以便恢复树势。更新方式分局部更新和主蔓换头。当主蔓局部生长势衰弱，新梢成熟差，或因瞎眼出现光秃，或遭病虫害或机械损伤时，应将该部主蔓回缩修剪，在其下部选留生长健壮的枝蔓代替，以恢复该部位的生长势，此称局部更新或大换头或多年生枝蔓换头。当主蔓的延长蔓生长势不如其后部新梢时，可将该新梢留下代替主蔓的延长蔓，把其前边原生长弱的延长蔓短截（中、短梢修剪）作结果枝培养，结果后疏除，若不如意可直接疏除，此称小换头或延长蔓换头。当主蔓年久粗大，防寒不便或因某种原因（如扭伤、劈裂等）造成主蔓衰弱需要更换时，可利用其基部发出的新梢代替，欲淘汰老蔓逐年回缩为新蔓让位（让出空间），适当时把老蔓去掉，这种换法，果农称为主蔓大更新。

全株更新：当葡萄植株全株老化，或劈裂，伤口过大，或失去美化环境作用时，就应及时更新。但为不影响产量和美化环境，应从主蔓基部先培养出新蔓，将老蔓逐渐回缩，直到新蔓布满老蔓所占的架面位置时，再将老蔓全部除去（图 4-8）。

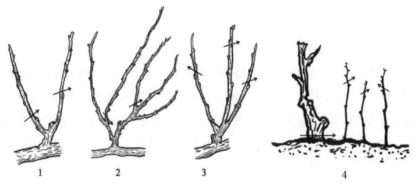

1—培养新蔓回缩部分老蔓；
2—第二年新蔓已有分枝（2~3 个），再回缩部分老蔓；
3—第三年新蔓（2~3 个）已基本占有老蔓在架面位置时，老蔓全部除去；
4—利用根部萌蘖发出新枝，更新全株。

图 4-8　葡萄全株更新

（注：箭头所示为剪截部位）

修剪时应注意以下几点。首先，剪口离芽眼既不能太近（留桩太短）也不能太远（留桩太长）。由于葡萄枝蔓组织疏松，过近容易失水干枯，致芽受其影响仅发出弱枝或根本发不出新枝。过远即残桩过长，则易发徒长枝或纤细枝。一般以芽上留 1~2 厘米为宜，或在留芽的上一节节部剪留（不伤横隔膜），留下的残桩可在下一年春除梢时剪除（且剪口要平滑），此时愈合最快。其次，对幼树要注意培养延长枝，以便尽早成形。对老树要注意培养基部新（蔓）梢，留作更新用。最后，对病虫枝要剪除。修剪完后要及时清除地面剪下的枝条和残叶，最好烧掉，以减少病虫源。

4.2.2　夏季修剪

葡萄夏剪必须及时、抓紧，否则就会新梢旺长，副梢猛生，造成架面紊乱，通风不良，影响开花坐果而易患病虫害，轻者影响植株的正常生长发育，重者影响植株安全越冬，甚至死亡。所以，夏季修剪必须重视、抓紧、及时、得当。

夏季修剪，简称夏剪，指在生长期修剪。夏季修剪的目的是控制生长期间新梢的旺长，调节营养生长和生殖生长对水分、营养需求的矛盾，补偿冬剪的不足，进一步改善架面通风透光条件，减少养分消耗，增加积累，促进花芽分化和枝蔓成熟。夏剪的方法主要有以下几种。

（1）抹芽和疏枝

一般在芽眼开始膨大到新梢长至10厘米（以下）时，抹去芽和嫩梢，称为抹芽（也有人把抹去嫩梢叫疏枝）。当新梢长到10厘米以上时再抹去，叫疏枝。但也有资料介绍，当新梢长到20厘米时才叫疏枝，本书采用界定10厘米，旨在抹芽和疏枝越早越好，以减少养分消耗。凡一个节上有两个以上的芽时，除留一个壮芽外，其余芽——副芽、多余的、部位不当的芽、瘦弱的主芽等均应及时抹掉，以减少养分的消耗。对老蔓上萌发的潜伏芽，若位置适当可保留，其余应尽早抹去；当新梢长到15~20厘米时，花序已经出现，这时应按要求选留结果枝或发育枝，对过密枝、纤细枝尽早疏除，减少养分消耗，同时也使新梢不交叉、不重叠，每平方米架面保留15~20个新梢即可。篱架面新梢垂直引缚时，每隔10~15厘米留一个新梢。盆栽葡萄更应严格控制新梢数量，多余的要及时疏除。

（2）摘心

用手掐去枝蔓顶端的嫩梢，称为摘心。摘心的目的是抑制枝蔓的生长，节省养分，促进花芽分化和枝蔓成熟。

结果枝摘心：对结果枝摘心的适宜时期，从文献报道看颇不一致，早的在花前2~3天，晚的则在盛花期。笔者认为结果枝摘心适期，应根据品种、环境条件及栽培技术等条件灵活掌握，过早摘心虽然可使花序、花蕾增大，开花提前且较集中，对开花授粉有良好作用，但易促使副梢过早发生，使嫩梢幼叶与花果产生矛盾。摘心太晚，落果增多，对当年产量不利，故对一些落花落果重的品种一定要及时摘心。一般在花前2~3天于花序上部留4~5片叶摘心较为适宜。落果重、坐果差的品种如巨峰，在初花期摘心效果较好。当然，对坐果率高的品种，为不使果穗上着生的果粒过于密挤而变形，也可推迟到花后摘心（图4-9）。

图4-9　结果枝摘心

（注：箭头所示为摘心部位）

发育枝摘心：发育枝即营养枝，一般生长势都比较强，而摘心时期比结果枝摘心要晚些，多在开花后留10~12片叶（也有留8~10片）摘心（图4-10）。生长势旺盛的品种或作主蔓延长蔓和留作更新萌蘖的新梢，可长留些，一般在15片叶以上摘心。到8月中旬，不管过去是否摘过心，为促进新梢成熟，应全部摘心一次。若摘心不及时，则会造成植株内部或下部光照恶化。为解决通风透光问题，只好采用对新梢或副梢过长部分剪除，此称剪梢，以促进新梢和果穗更快更好地成熟。但应注意，这只是一种补救措施，而剪梢的强度既不能过强（会使大量冬芽萌发），时间又不能过早（易促发更多的副梢），一般在7—8月果实着色前进行。

a 发育枝   b 留10片叶摘心

图 4-10　发育枝摘心

副梢处理：随着新梢的生长，新梢叶腋中的夏芽陆续萌发成为副梢，而且生长很快，特别是新梢摘心后，其副梢生长更快，既扰乱株形或架面，消耗养分，又影响通风透光，故应及时处理。方法分为3种：

第一是结果枝摘心，果穗以下的副梢全部除去，果穗以上副梢留1~2片叶摘心；

第二是结果枝果穗以下副梢全部抹去，果穗以上副梢只留先端一个，这个副梢留4~5片叶反复摘心；

第三是发育枝及延长枝摘心，将最后1~2个副梢留2~3片叶反复摘心，其余副梢全部摘除。

以上摘心方法，在具体应用时，庭院葡萄园艺工作者也可依据品种生长发育状况、人力等条件，因地制宜，灵活运用。

（3）疏花序、掐穗尖

目的是促使果粒增大、果穗整齐而紧凑、增强美感而引人入胜，从而提高浆果商品价值。所以，疏花序、掐穗尖虽说是一种辅助措施，但这对庭院葡萄园艺来讲也是不可忽视的。

疏花序就总体而言，应根据树势及负载量而定。如树势强、负载量适宜，就不必疏花序。但若树势较弱，而负载量过大的情况，就应该在开花前将花枝上的花序疏去一部分（即疏去小的和过密的花序），这样留下的花序相对得到了更多的养分，从而使果穗质量得到了改善，提高了浆果品质。有的葡萄植株上的副梢有时也带有花序，并能开花结果（此称二次结果），但由于东北的中北部地区生长季短，浆果不能成熟，所以一般多不培养二次结果（除个别保护地条件下、极早熟品种），应及早剪除，以减少养分消耗。

掐穗尖是在结果枝摘心的同时（或在开花前一周左右）将花序先端的1/5~1/4掐去。这样对易落花落果品种可提高坐果率，且果穗紧凑整齐，果粒大小一致，效果明显。

（4）除卷须、绑蔓

葡萄卷须不但消耗养分，而且易缠绕果穗和枝蔓，又由于在架面上乱缠乱绕而影响新梢生长，甚至缢断枝蔓，给绑蔓、采收、冬剪、下架等操作带来很多麻烦和不便，故应结合夏剪及时剪除。

当新梢长到40厘米左右时，即应引缚在架面上，以利于通风透光。绑蔓时应注意新梢在架面上分布均匀，避免交叉。但应指出，从理论和实践上都证明，新梢直立在架面上（或垂直于篱架面上）既有利于通风透光，又增加结果面积。若使所有新梢都绑伏在架面上，则自然会使枝蔓和叶片都挤在一起而影响通风透光。所以，这里所指的绑蔓，是针对主、侧蔓及其延长枝而言。对某些强壮枝梢，可在其4~5节使之弯下来的绑缚，由此，4节以下直立于架面上，既能防止徒长，又有利于花芽形成。有些枝梢只要风刮不下来，果穗坠不下来，就可任其自然直立生长，充分利用架面立体结果。绑蔓时为避免新梢与铁线接触摩擦生热而产生磨伤，或绑得太紧而产生绞缢现象，可采用简便易学的"8"字扣，或将绑缚物（撕裂膜、马蔺等）套在蔓上两端合拢固定在铁线上（图4-11）。

> 绑蔓仅指对主、侧蔓及其延长蔓的引缚而言，并非把所有新梢都绑在架面上，倘若如此，枝蔓和叶片都挤在一起，反而影响通风透光，减少立体结果面积，结果事与愿违。
>
> 在绑缚时注意避免枝蔓与铁线产生磨伤，或绑扣不对（太紧）而产生绞缢现象。

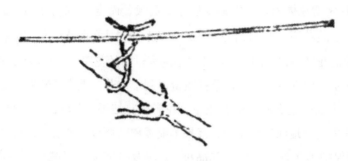

图4-11　绑蔓方法

（5）去枯桩、断浮根

植株上的剪口芽往往由于某些原因（如受冻、机械损伤等）致其不能萌发而造成枯桩或冬剪时本身留桩过长，其既影响生长又不美观，在夏剪时要及时剪掉。但剪的时间不宜太早，太早容易造成伤流，而影响植株生长（图4-12）。

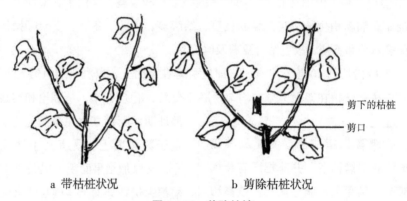

a 带枯桩状况　　　　　　　　b 剪除枯桩状况

图4-12　剪除枯桩

（注：箭头所示为剪除部位）

嫁接苗往往由于栽植过深，或解除防寒土时撒土不彻底而未将接口露出地表，致使接口以上的接穗部分发生出根系，若不及时除去，不仅影响砧木根系生长，从而降低抗寒力，失去了嫁接意义，故应及时除去（此称断根）。断根时间一般多在7—8月，将土扒开，露出浮根（注意一定是接口以上接穗发出的根），将其从基部剪除。另外，有时由于葡萄架下空气湿润，若温度等条件合适，常发生气生根（不是在土壤中发生的而是在空气中——裸生的根称为气生根），气生根钻入土里，就成了入地根，也应及时除去，如不剪除同样影响砧木根系的生长，即使未钻入土中也会消耗大量营养。所以，对气生根也要及时除去。

4.3　庭院葡萄园艺的土、肥、水管理

4.3.1　土壤管理

实践经验告诉我们，土壤疏松程度对葡萄的生长发育影响极大。土壤的疏松程度直接影响土壤的固（土壤质粒容积）、液（水分所占容积）、气（空气所占容积）三相，三相比例适当就有利于葡萄植株的生长发育，否则就不利于葡萄植株的生长发育。换言之，如土壤孔隙度小，就意味着土壤板结，而水分、空气自然就少；土壤孔隙中水分多了，空气就少了；若土壤孔隙度过大，水分存不住，空气多了，水分自然少了，即所谓的涝相和旱相。土壤

> "土是五行当中最主要的一种，八卦中的坤卦"——李时珍解释"土"是万物生长的根基，庭院葡萄园艺的土壤管理——土壤耕翻、中耕除草等，就是为葡萄造就一个"疏松无杂草，增强肥力"的良好"根基"，保证和促进植株健壮而正常的生长发育。
>
> 管理的关键是适时、得当。

耕作，其实就是调节固相、液相、气相这三相的比例，有资料介绍认为固相占二分之一左右，而液相和气相各占余下的二分之一左右，是比较有利于植物生长的。这就是土壤耕翻多施有机肥、增加土壤孔隙度的重要理论依据之一。

应强调指出，庭院葡萄园艺，在葡萄栽植前就应该对土壤进行深翻熟化，清除建筑垃圾如砖、瓦、石块、白灰、水泥残渣及树根等，并结合深翻加施有机肥，以改善土壤结构和理化性状，对生土加速熟化，使难溶性营养物质转化为可溶性养分，从而提高土壤肥力，葡萄栽下后，根系马上就能有个良好的土壤环境，促进其健壮成长。

在一年中，庭院葡萄园艺对土壤要进行一系列的耕作。在早春土壤解冻后，结合葡萄出土（解除防寒土）进行春耕，耕时应注意将主干附件的土壤向（外）行间翻，以免主干或主蔓被土深埋而导致接穗部分产生大量的表层根。耕翻的深度要浅，一般以15~20厘米为宜。耕翻后要耙平，春旱和风大地区，要结合灌水进行浅锄松土，以利于保墒；在生长期中要注意进行中耕除草。中耕和除草是两项互辅的措施，一般灌水后即进行中耕，中耕自然清除杂草，尤其雨季更要注意及时除草，以减少养分的消耗。中耕次数应以

当地气候特点和杂草多少而定，一般每年中耕 3~5 次，深度 10~12 厘米，杂草应随时清除；秋季在果实采收后或新梢停止生长后落叶前，结合施基肥进行秋耕，这样既可松土保墒，有利于雪水下渗，又可铲除宿根杂草，减少养分消耗，同时还可消灭地下害虫。秋季耕翻的深度一般为 20~30 厘米。

4.3.2　施肥

葡萄属多年生果树，一经定植就在一个地方生长十几年甚至几十年，如不适时补充肥料，营养就会缺乏或患缺素症（如缺钙、铁、锌等），影响葡萄的生长发育。若施肥不当，会造成营养失调，同样会导致其生长发育不良。例如，氮是组成各种氨基酸和蛋白质所必需的元素，而氨基酸又是构成植物体中的核酸、叶绿素、磷脂、维生素等物质的基础。氮肥在葡萄整个生命活动过程中，主要是促进营养生长，延缓衰老。若氮肥不足，则会表现出新梢生长细弱，叶片黄瘦，果穗发育不良，甚至大量落花落果而减产；若氮肥过多（尤其在生长后期），则枝叶茂盛，果实着色不良，糖分低，成熟延迟，花芽分化不良，枝蔓成熟差，且病害重。磷肥可促进新梢成熟和花芽的形成，并对受精有良好作用，故能提高坐果率，浆果着色好、品质好。缺磷时则表现叶片小，新梢和根系生长弱，开花晚，产量低，品质差，组织成熟差，抗寒抗旱能力差。而磷过剩又会抑制氮和钾的吸收，引起生长不良。过量磷素，可使土壤中或植物体内的铁不活化，致叶片黄化，产量降低，还能引起锌素的不足。葡萄在整个生长期间都需要大量的钾，尤其在浆果成熟期需要量最大，果粒中含钾量也多，因此，有"钾质作物"或对钾肥的"果肥"之称。在土壤中氮、磷充足的情况下，施入适量钾肥，能显著提高产量，浆果着色早、糖分高、品质好，又可提高植株的抗病和抗寒能力。钾肥不足时，表现叶缘褪色黄化，叶片卷曲、抗性降低，浆果果粒小，着色差、味淡，产量低。但钾过多时也会阻碍氮的吸收，抑制生长而引起镁的缺乏。因此，在施肥时要注意氮、磷、钾等元素的比例关系，经验认为，在葡萄施肥时，氮、磷、钾的含量比例以 1:0.5:1.5 为宜。钙在植物体内起着生理活性的平衡作用。适量钙素，可减轻土壤中的钾、锰、铝、氢等离子的毒害作用。钙是细胞壁的组成成分，可使植株正常吸收铵态氮，促进根系的生长发育。缺钙影响氮的代谢和营养物质的运输，不利于铵态氮吸收；新根短粗弯曲，尖端变褐甚至枯死；叶片较小，严重时枝条枯死和花朵萎缩。钙素过多，则土壤偏碱（性）而板结，使铁、锰、锌、硼等成不溶性而不能为根系吸收，导致缺素症的发生。土壤中的钙与土壤 pH（酸碱度）有关，当土壤强酸性时，则有效钙含量降低；含钾量过高，也会造成钙的缺乏。镁是叶绿素和某些酶的重要组成部分，缺镁叶绿素不能形成，出现失绿症，表现在叶脉间显现出黄绿、黄或乳白色，植株生长停滞，严重时新梢基部叶片脱落。锌是碳酸脱氢酶的组成成分，针对光合作用和呼吸作用的吸收与释放二氧化碳（CO_2）有关，锌能促进生长素的合成。缺锌的典型症状是新梢顶部叶片狭小，节间短缩，小叶密集丛生，俗称"小叶病"，严重时从新梢基部向上逐渐脱落。这主要是缺锌而生长素不足导致的。硼可改进糖类和蛋白质的代谢作用，促进花粉粒萌发，对子房的发育有促进作用，有利于根的生长和愈伤组织的形成，并能提高维生素和糖的含量，增进浆果品质。缺硼幼叶出现油浸状黄白色斑点，叶脉变褐木栓化，老龄叶发黄并向背面弯曲，花序瘦小。花芽分化受到抑制、花粉发育和萌发受阻，坐果率明显降低。一般葡萄在花期需硼较多，若在花期适当喷硼，可减少落花落果，提高坐果率。

葡萄生长发育过程中，需要多种营养元素，除上述外，铁、铜、锰、镓、硫、氯等在葡萄的生命活动中也都起着不同的调节作用。所以，在施肥前首先应了解葡萄的需肥特点、土壤中含有效元素状况及其他管理等条件，以便制定出合理有效的施肥措施。

（1）施肥种类和数量

切记：施肥量不是越多越好，也不是种类（肥料元素）越全越好，要根据葡萄的需肥特点和土壤（含有效元素）具体情况来科学施肥，使之恰到好处——以经济、实惠、高效为前提，即所谓"巧施肥"。

庭院葡萄园艺应以有机肥为主，如人畜粪便等。绿肥、草木灰和各种饼肥也是庭院葡萄园艺常用的有机肥料；无机肥（化肥）常用的有碳酸氢铵（NH_4HCO_3）、硝酸铵（NH_4NO_3）、尿素 [$CO(NH_2)_2$]、硫酸铵 [$(NH_4)_2SO_4$]、过磷酸钙 [$Ca(H_2PO_4)_2$]、硝酸钾（KNO_3）、磷酸二氢钾（KH_2PO_4）等。

科学施肥量，需要对叶或果实进行营养分析，测出所含营养元素的数量，从而了解植株各种营养元素的余缺。同时还要对土壤进行测定，了解土壤中各种元素的含量，即自然供给量。但应注意，这些自然供给量不可能被全部吸收，有资料介绍，植株只能从土壤中吸收其中氮的三分之一、磷和钾的二分之一，了解了土壤中各元素的含量和植株的利用量，以及树体缺哪种元素，从而就能计算出应该补给哪种元素及补多少。但应注意各种元素间的相互作用，如植株体内氮少时，对镁的吸收量也少，所以，当树体表现缺镁时，就要考虑是缺镁还是缺氮，或两者都缺，这就要靠经验判断或通过叶分析或土壤分析来确定。还有一种现象，就是当某一种元素增多时，另一些元素就会减少。例如，土壤中钾元素多了，就影响植株对钙和镁的吸收。土壤中氮素含量越少，对钾的吸收就越多。磷施用过量，则植株对氮、钾的吸收就受到抑制，从而氮、钾不足，植株也就会发育不良。这就是一般所说的"相克"作用，或称"拮抗"作用。因此，在给葡萄施肥时就要认真考虑这些问题，绝不是施肥越多越好，而是要施的恰到好处。当然，作为庭院葡萄园艺想做到依"叶分析"和"土壤营养分析"施肥也不是件容易事，故多依据"习惯施肥"和"经验施肥"。

葡萄的施肥量取决于土壤条件、株（树）龄和负载量、肥料种类等多方面因素，因此，很难确定一个统一的施肥标准。东北的中北部地区研究总结果农生产经验认为，在一般情况下，不同年龄单株葡萄施肥量如表4-1所示，以供参考。

表 4-1　不同年龄单株葡萄施肥量　　　　　　单位：千克

树龄	基肥	追肥				
		氮肥		磷肥		钾肥
		人粪尿	硝酸铵	过磷酸钙	硫酸钾	草木灰
2~3年	10~15	2.5~5	0.05~0.1	0.1~0.15	0.05~0.1	0.15~0.25
4~5年	25~30	7.5~10	0.2~0.25	0.25~0.3	0.1~0.15	0.4~0.5
6年以上	40~50	12.5~15	0.4~0.5	0.5~0.75	0.2~0.25	0.75~1.0

从各地葡萄生产的实践经验来看，一般每产1千克葡萄，可施基肥（土粪）3~5千克，但每株总施肥量不少于50千克。庭院葡萄园艺最好以腐熟鸡粪或鸡粪混拌马粪为基肥，一般条件下株产25千克的盛果期的葡萄施25~40千克即可。追肥按碳酸氢铵计每株0.125~0.18千克。

（2）施肥时期和方法

施肥时期的确定：首先要掌握以下几个关键问题，一是要掌握葡萄生长发育过程中的需肥中心或营养分配中心，养分首先要满足生命活动最旺盛的器官，即生长中心。随着生长中心的转移，分配中心也随之转移。若错过生长中心施肥，一般补救作用不大。例如，新梢生长期，就要多施氮肥；开花坐果期，要多施磷、钾肥等。二是要了解并掌握土壤中营养元素和水分的变化规律。例如，土壤保持清耕，一般春季含氮较少，夏季有所增加，钾含量与氮相似，磷则不同，春季多、夏秋少；土壤水分亏缺，施肥有害无利。积水、多雨，肥易流失而降低利用率。三是要掌握肥料性质，速效性肥料或施后易被土壤固定的肥料，如碳酸氢铵、硝酸铵、过磷酸钙等，宜在葡萄需肥稍前施入；而迟效性肥料如有机肥料，则需提前施入，因有机肥料需要充分腐烂分解（即腐熟）后方能被葡萄吸收利用。

① 基肥。它是较长时期供给葡萄多种营养元素的基础肥料，以有机肥料为主，如人粪尿、鸡粪、猪粪、牛粪、羊粪、马粪、绿肥等，其中以鸡粪最为理想，其含氮、磷、钾等大量元素和微量元素比较丰富，是葡萄最好的农家肥料（表4-2）。

表4-2　人畜粪尿中养分含量（占鲜重的百分数）

肥料种类	有机质	氮（N）	磷（P$_2$O$_5$）	钾（K$_2$O）
人粪	20% 左右	1.00%	0.50%	0.37%
人尿	3% 左右	0.50%	0.13%	0.19%
人粪尿（均值）	5%~10%	0.5%~0.8%	0.2%~0.4%	0.2%~0.3%
猪粪	15.0%	0.5%~0.6%	0.45%~0.6%	0.35%~0.5%
猪尿	2.5%	0.3%~0.5%	0.07%~0.15%	0.2%~0.7%
猪圈粪（均值）	25.0%	0.45%	0.19%	0.60%
马粪	21%	0.4%~0.55%	0.2%~0.3%	0.35%~0.45%
马尿	6.9%	1.3%~1.5%	痕量	1.25%~1.60%
马厩肥（均值）	25.4%	0.58%	0.28%	0.53%
牛粪	14.6%	0.3%~0.45%	0.15%~0.25%	0.05%~0.15%
牛尿	2.3%	0.6%~1.2%	痕量	1.3%~1.4%
牛栏粪（均值）	20.3%	0.34%	0.16%	0.4%

肥料种类	有机质	氮（N）	磷（P_2O_5）	钾（K_2O）
羊粪	24%~27%	0.7%~0.8%	0.45%~0.5%	0.3%~0.6%
羊尿	5%	1.3%~1.4%	痕量	2.1%~2.3%
羊圈粪（均值）	31.8%	0.83%	0.23%	0.67%
鸡粪	25.5%	1.63%	1.54%	0.85%
鸭粪	26.2%	1.10%	1.40%	0.62%
鹅粪	23.4%	0.55%	0.50%	0.95%

注：摘自《农业科技常用数据手册》，晓岩，湖南科学技术出版社，1983。

基肥一般都在秋季葡萄采收后立即施用效果较好。此时施基肥正值根系生长高峰，伤根容易愈合，切断一些细小根，起到根系修剪作用，可促发新根。而此时地上部的生长已逐渐停止，其所吸收的营养物质以积累贮藏为主，从而提高树体的营养水平和细胞液的浓度，这不仅有利于来年葡萄萌芽开花和新梢的早期生长，同时还可促进花芽分化提高花芽质量，为来年生长结果打下良好基础，并增强了葡萄的越冬能力。但在寒冷地区秋施基肥太晚，对在贮存养分上作用不大，故应在浆果采收后马上进行。

若秋施基肥来不及，也可春施。不过春施基肥缺点很多，一般春季都是多风少雨干旱，此时挖沟、倒肥、埋土等操作加剧了土壤水分的蒸发，肥效发挥较慢，又由于伤根，也不利于根发挥应有的作用。加之春季时间紧，活计多，劳力也比较紧，所以，一般不提倡春施基肥。如必须春施基肥，应越早越好，即在葡萄出土上架后（5月上旬）立即进行。如果晚了，树液流动、萌芽展叶，这时挖沟会伤根，对植株生长极为不利。春施基肥，施肥后必须立即灌水，并要灌透。

施基肥以农家肥（有机肥）为主，最好再配些速放性化肥，如磷、钾肥。在春施基肥中，适当加些速效性氮肥，这样效果会更好。

基肥的施肥方法：就庭院葡萄园艺而言有两种：一是沟施；二是撒施或平铺。成行栽植的不论是幼树还是成龄树均可采用条状沟施肥法，即沿行的两侧开施肥沟，一般幼树时沟距根干40~60厘米，成龄树（6年以上）沟距根干应在60~80厘米，沟深、宽各为30~40厘米（图4-13），株间开短沟施入也可。最好行间或株间开沟隔年轮换，以减少伤根，并随树龄的增加，根的伸展范围不断扩大，施肥沟距根干也应随之外移，但要注意，最远距离不能离开根干 1.0~1.2 米，再远就超出了防寒的幅度，把根系引到施肥沟而遭冻害。

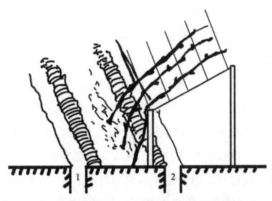

1—第一年的施肥沟；2—第二年的施肥沟。

图 4-13　开沟施基肥

由于地上部和地下部的相关性，棚架葡萄其根系在架下的比架外侧（正面）多，骨干根大部分分布在架下，就分布的深度而言，根系多分布在地表下 30~40 厘米。所以，在施基肥时应考虑这两个具体问题，如葡萄架下根系较多，长得较长，故施肥沟可距根干梢远点；同时，由于根系具有趋肥性，施肥可诱导根系的生长方向。因此，应将肥料施在适宜部位稍深、稍远的部位，以引导根系向纵深发展，扩大吸收面积，增强抗逆性。

施肥时要注意把粪和土拌匀后再施入沟内。为便于施肥后灌水，在覆土时要留出灌水沟（即稍低于地面），待灌水渗下后再把沟填平。

葡萄单株栽植的，既可采用短沟方法施基肥，也可采取撒施（平铺）的方法，即将肥料均匀撒在地面上，然后再翻入土中，一般是结合秋耕或春耕进行。

基肥以年年施用比隔年施用效果好，增产明显，有条件的应注重年年施用基肥。

② 追肥。它是针对植株在不同发育阶段的营养需要进行的补充施肥，所以又称补肥。追肥当年可壮树、高产、质佳，又可给来年的生长结果打下基础，是庭院葡萄园艺不可忽视的环节。

追肥在时间上、肥料上和次数上都要有针对性，而且施用的都是速效性肥料。高温多雨或沙质土、肥料容易流失的，追肥宜量少次多，反之，追肥次数可适当减少。幼树追肥数可少，随树龄的增长、结果量增多，植株长势减缓，追肥次数可适当增加，以调节生长和结果在营养需求上的矛盾。追肥次数，就庭院葡萄园艺的成龄树而言，一般每年应进行2~3次，也可根据其具体情况酌情增减，原则是"前促后控"。

第一次，在出土后到开花前施用（也称花前肥）。如春施基肥同时加入速效性氮肥，或出土（解除防寒土）后直接施速效性氮肥，可提高萌芽率促进花序发育，减少落花落果。尤其弱树、老树和结果过多的大树，应加大施肥量，促进萌芽开花整齐，提高坐果率，促进营养生长。但应注意，若树势强，基肥又充足的，此次追肥应注意少施（或不施）氮肥，并要适量配施磷、钾肥，以防营养生长过度，造成落花落果而得不偿失。

第二次，在葡萄落花后坐果期施用（故又称花后肥）。此时正是幼果膨大、花芽形成、新梢生长迅速时期，对营养需要最多，要求的营养元素也全，所以，此次追肥应以氮肥为主，同时加入磷、钾肥，以促进新梢生长，扩大叶面积，提高光合效能，有利于碳水化合物和蛋白质的形成，减少落果，促进果实肥大和花芽分化。

第三次，浆果着色（绿色品种软粒）前施用。此期部分新梢停止生长，故应以磷、钾肥为主以促进新梢成熟和浆果成熟，提高含糖量，同时，可促进花芽进一步分化。这次追肥既保证当年产量，又为来年结果打下了基础。

追肥方法，可采用环状沟、条状沟或穴施，氮肥施于土表下5~10厘米，磷、钾肥可适当深些施入。

在土壤中追施氮素化肥时，要量少次多，切不可离根太近，否则容易发生"烧根"。

此外，除了一般土壤（根际）追肥外，可以根据具体情况进行根外（叶面）追肥。即把肥料或营养元素兑成水溶液，用喷雾器喷洒在叶面上，通过叶面吸收达到施肥目的，若浓度合适，叶面吸收很快。例如，防寒地区往往由于个别严寒年份或某种原因防寒不当根系受到冻害，致其发芽迟缓，新梢最初生长的叶片颜色不正常时，可采用0.2%尿素进行根外追肥，可使叶片很快转绿，恢复正常颜色。在开花前喷0.1%~0.3%的硼砂溶液，能提高坐果率。开花前、幼果期、初熟期喷布1%~3%过磷酸钙浸出液，可提高产量和浆果品质。如在浆果着色前，用1%~3%草木灰浸出液或0.5%~1%氯化钾和3%~5%过磷酸钙进行根外追肥，可提高产量和浆果品质。根外追肥一般可与波尔多液混用。几种主要肥料在根外追肥浓度见表4-3。

表4-3 葡萄根外（叶面）追肥溶液浓度参考

肥料种类	喷施浓度	肥料种类	喷施浓度
尿素	0.1%~0.3%	硫酸锌	0.3%~0.5%（加同浓度石灰）
硫酸铵	0.3%	硼酸 硼砂	0.05%~0.1%
过磷酸钙	1.0%~3.0%	硫酸亚铁	0.1%~0.3%（加同浓度石灰）
草木灰	1.0%~3.0%	硫酸镁	0.05%~0.1%
硫酸钾	0.05%	硫酸锰	0.05%~0.3%（加同浓度石灰）

在追肥时应注意：一是往叶片上喷布肥料容易发生药害，浓度不能过量，在炎热干燥的天气不能进行；二是要选择气温较低的傍晚进行，晚上蒸发慢，肥料容易被叶片吸收，阴雨多风天气肥料容易流失，也不能喷施；三是尽量将液肥喷施在叶片的背面，因叶背吸收能力比叶片的正面强。

4.3.3 灌水

葡萄虽然耐旱性较强，但其喜水，适当灌水，可以大大提高产量。因为水不但是构成植物体的主要物质，而且在维持生命活动上具有重要作用，如营养物质只有被水溶解后才能被根吸收。若营养物质的水溶液浓度太大，则在植株体内的运转就要受阻。所以，葡萄植株的每一生命活动都必须有水的参与才能进行。

依据葡萄生长结果习性，在栽培中有几次关键性灌水时期。

①出土后到开花前。葡萄解除防寒土后，树液已开始流动，而此时正值春天干旱风大季节，所以葡萄出土后应马上灌一次透水，使之一直到开花前始终都要保持土壤湿润，否则就会出现旱害，如1985年春，吉林省出现葡萄大面积死亡现象，其原因就是由于早春气温回暖快，而土壤下层还在冻结，根系不能从土壤中吸取水分，加之风大而出现枝蔓严重失水而致地上部枝蔓干枯死亡。笔者调查证明，凡是解除防寒土后马上灌水的，均未死亡。由此说明，此次灌水的重要意义。而从葡萄出土后到开花前，正是萌芽后嫩梢、叶片、花序生长的旺盛时期，需要水分较多，也需要灌一次透水。一般都是在开花前结合追肥进行灌水（故称花前水或催芽水），有利于开花坐果。

但花期若水分过多，会引起落花落果，除非土壤过于干燥，一般在花期不应灌水。而花期灌水容易降低土温，影响授粉受精，导致落花落果。

②坐果后到果实着色前。此期新梢生长旺盛，果实迅速膨大，花芽分化也随之进行。此时气温高，叶片蒸腾水分多，是葡萄植株生理机能最活跃、最旺盛时期，对根系供给的水分、养分状况反应最为敏感，被视为葡萄植株需水的临界期。此期灌水可明显促进果实生长，减少幼果脱落，增加产量，故俗称为"催果水"。若此期水分不足，果实的水分向叶片内转移（成熟期果实内的水分不向叶片内转移），严重时幼果萎缩脱落，如再继续干旱缺水，则叶片从组织内部夺取水分，导致根尖区的根毛死亡，失去吸收能力，地上部生长明显减弱，产量自然下降，进而叶片萎蔫脱落，甚至植株死亡。所以，此期灌水非常重要，一般可根据天气情况，每隔7~10天灌水一次，直到雨季来临。葡萄浆果着色后，除特别干旱，一般不灌水，此时土壤水分过多，会使浆果含糖量降低，风味淡薄，果实不耐贮运，且易引起落果。

> 要特别注意：葡萄在花期，除非土壤过于干旱，一般不要灌水。花期灌水易引起落花落果；坐果后到浆果着色前灌水，可明显促进果实肥大，减少幼果脱落，增加产量；浆果着色后，除特别干旱，一般也不灌水，此时灌水，浆果含糖量降低，风味淡薄，也易引起落果。

③防寒前。应灌一次透水，待水完全渗下后、土壤稍干时再进行防寒。这次灌水的目的是增加土壤的湿度，对防止冬季冻害和早春干旱有很大作用，故又称封冻水。

灌水方法，可采用沟灌、畦灌、漫灌，每次灌水一定要灌透，即以使35~50厘米土层湿透为标准。每次灌水后要进行松土，以防地表板结。

切忌将洗碗水、刷锅水、尿等直接倒入葡萄架下，以免"烧根"。这是庭院葡萄园艺经常出现的弊病，千万要注意。

4.4 庭院葡萄安全越冬的园艺措施

在东北的中北部地区，如何保护好葡萄安全越冬是庭院葡萄园艺的一项重要园艺措施，一旦忽视葡萄的越冬保护或保护不当，就会造成越冬死亡等毁灭性灾害，必须给予足够的重视。

葡萄越冬死亡的原因有很多，除葡萄自身原因（如品种问题、枝蔓成熟不好等）外，归纳起来有以下几种。

一是不防寒，认为庭院内气候条件好不用防寒，或根本不了解防寒的意义而不防寒。殊不知，除山葡萄外均需采取防寒措施才能安全越冬，凡不进行防寒的其他生食品种均会冻死。即使抗寒的贝达，不防寒也会引起地上部死亡（春天从地下重发）。

二是防寒幅（宽）度和厚度不够，或防寒埋土封闭不严，留有孔隙透风而招致冻害。

三是土壤干燥，冬季降雪少而无积雪，乃按常规防寒，又没灌封冻水，就会造成冻害，或早春枝蔓抽条干枯而致死。

四是不懂防寒技术，如埋土过厚而又没留通气孔，或用塑料布覆盖防寒没有扎眼，致其窒息而死。

五是防寒时没放鼠药，被老鼠啃食致死。

六是早春没有及时解除防寒物而闷（捂）死，或解除防寒物太早，因回寒而冻死。

以上这些都是管理不当造成越冬死亡的原因。

4.4.1 防寒时期和方法

（1）防寒时期

因所采取防寒方法和土壤结冻时期不同而有所差异，如埋土防寒应适当早些，秸秆覆盖防寒可稍晚些。但总的原则是必须在土壤结冻前（尤其埋土防寒）结束防寒。东北的中北部地区一般在葡萄冬季（晚秋）修剪后，约在10月中下旬进行埋土防寒，最好分两次进行，当气温降到0℃时进行第一次防寒，当土壤将封冻时进行第二次防寒。

（2）防寒方法

当前葡萄防寒方法很多，常用的有土地上实埋、地下实埋和空埋及秸秆覆盖防寒等。东北的中北部地区大都采用地上实埋防寒法，而且分次进行。具体做法如下。

葡萄在冬季修剪后随即下架，将枝蔓顺着行向轻轻压倒在地，依顺序一株压一株用草绳或撕裂膜（塑料绳）捆好，翘起的枝蔓应当压下（若单株栽植或几株丛植，可将枝蔓盘在一起捆上，越紧凑越好）。当地气温降至0℃时，进行第一次埋土，埋土前最好先在枝蔓上盖些高粱秸或玉米秸作为隔离物，同时放入防鼠药，然后埋上一层薄土，将枝蔓全部埋住即可。

盖高粱秸作为隔离层的目的主要是便于解除防寒土，防止碰坏芽眼，也可避免防寒土直接埋在枝蔓上而伤芽。

当土壤将封冻时进行第二次埋土，这次要完成全部防寒工作，达到防寒覆土应有的宽度和厚度。取防寒土时应距葡萄主干（根干）1.7~2.2米以外挖沟，即在埋幅20厘米外挖沟，以免造成从侧方冻根。覆土时，一定要把土块打碎盖严，以免透风降低防寒效果。

4.4.2　埋防寒土的厚度和宽度

防寒土埋的厚度和宽度，因地区、品种、繁殖方法及防寒材料不同而异。根据吉林省农科院的调查结果（图4-14）可以看出，气温在-29.6℃的情况下，从地表往上埋土40厘米厚就可使葡萄安全越冬。但由于各地绝对低温情况不一，且每年冬天的绝对低温也不一样，有的甚至达到-40℃左右，若埋土40厘米厚就会出现问题。所以，就吉林省而言，大部分地区埋土厚度应在50~60厘米为好。但就庭院葡萄来说，由于所处的小气候条件较好，可酌情减少埋土厚度。

对于葡萄防寒，有人往往只重视地上部枝蔓的越冬保护，而忽视对地下根系的保护。实际地上部枝蔓受冻，尚可从基部重发新蔓，而根系受冻，就很难恢复，甚至只能等死。所以，越冬防寒对根系的保护更为重要，故取土沟距根要远、幅度要宽，尤其棚架下面。

品种间的抗寒性差异很大，埋防寒土的厚度也就自然不同，如在长春地区，欧美杂交种葡萄防寒埋土厚度需40~60厘米厚。但由于防寒材料不同而防寒效果也不一样，据有关资料介绍，采用三层（土＋草或树叶＋土）防寒，即在所埋的土中间夹放10厘米厚的树叶或稻草等物，总共覆盖厚度为40厘米，可比全部用40厘米土防寒效果提高4~5℃。所以，所用部分树叶等有机物防寒，可以适当减少防寒厚度。有些庭院葡萄采用秸秆或树叶等覆盖再覆以废旧塑料布（蔬菜、水稻育苗用后的塑料薄膜）防寒，可大大减少防寒用土，甚至不用埋土。

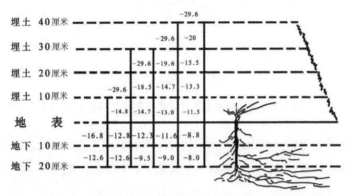

图 4-14　公主岭不同防寒埋土厚度温度变化情况（单位：℃）

埋土宽度，从枝蔓的防寒力来看，左右两侧都不能少于 30 厘米。就根系的抗寒力来讲，由于树龄不同，其根系伸展的幅度（范围）不同，所以，防寒宽度（幅度）也就不同。定植当年的小葡萄枝蔓不大，根系延伸幅度也小，埋宽 60~70 厘米、厚 40 厘米的防寒土即可（图 4-15）。

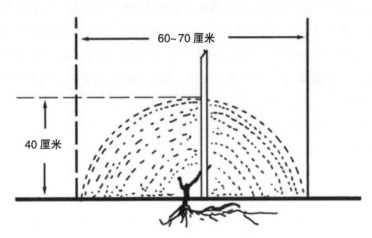

图 4-15　定植当年埋土防寒

多年生葡萄防寒埋土宽度，以贝达为砧木的要求 2 米左右，以山葡萄为砧木的可适当窄些，1.5 米左右。最好在架荫下再埋 60 厘米宽、10 厘米厚的土（图 4-16）。

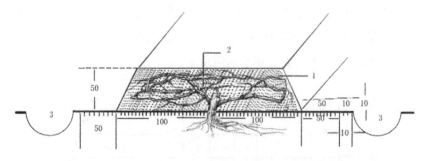

1—土；2—高粱秸；3—取土沟。

图4-16 葡萄地上实埋防寒横断面（单位：厘米）

在冬季有稳定的积雪地区，可依历年积雪厚度适当减少防寒厚度。防寒取土时不能离根太近，一般要离主干两侧1.5米以外。最好上冻前将取土沟灌满水。

挖沟防寒时，要在距葡萄主干50~60厘米处开沟，深40厘米，宽40~50厘米，将修剪后的葡萄枝蔓放在沟内，沟上搪些秫秸，再埋土，即所谓的空埋。若不搪秫秸直接埋土，即地下实埋。

塑料薄膜防寒：庭院葡萄园艺，一般都是栽植葡萄株数不多，若采用塑料薄膜覆盖，无论是在覆土中间，还是在堆（埋）土上面，效果都是很好的，既保温又保湿，可保证葡萄安全越冬，尤其是少雪干寒年份，效果尤为显著。

若庭院埋土防寒取土困难，可在葡萄四周垒上3~4块砖高的墙，并用土封严。把枝蔓盘圈捆上，压倒在地面。然后从另处客些土来，把枝蔓埋没即可，再在上面覆盖10~15厘米的树叶，顶上用塑料布盖严，四周不要透风。最好在覆土之前先灌透水。

秸秆防寒是庭院葡萄园艺最有发展的一项技术，早在20世纪80年代吉林省扶余镇就用树叶覆盖防寒，其不仅省工省力，而且葡萄越冬安全可靠，植株生长健壮，产量也高。笔者从各地调查来看，秸秆防寒有多种，如树叶防寒、蒿秆防寒、秸秆防寒等，但以长春郊区的玉米秸防寒较好，不仅取材容易，而且科学合理、可靠、省工省力、简便易行，更适于庭院葡萄园艺。具体做法：以玉米秸为主，秸、叶、膜、土相结合的四层覆盖。即葡萄修剪下架、放倒、捆好后，先用土埋蔓，宽在蔓的两侧各30厘米，高20厘米，以盖严为度，上覆塑料薄膜，待土壤封冻，老鼠钻进地下越冬后，再盖玉米皮（或其他叶类），厚8~10厘米，然后再盖上玉米秸，宽3米，高50厘米以上；若树叶来源广，可在塑料膜上直接覆盖上树叶，厚30厘米，宽在蔓的两侧各 1.2 米。

上述覆盖物的前两层是为保持土壤湿度，防止枝蔓抽干；第三层是为加强防寒效能。

防寒和解除防寒时间，同埋土防寒一样要适时分次进行。但应注意，第一次防寒在霜降前后，枝蔓埋土后覆上塑料薄膜，在确保枝蔓不发霉的情况下适当早点进行，以使枝蔓和根系既不受冻又能对寒冷有所适应和锻炼的过程；第二次防寒应在立冬前后，土壤已封冻，老鼠钻进地下越冬后，盖上玉米皮（或叶类）和玉米秸，进行早了易使枝蔓伤热和受鼠害，进行晚了枝蔓容易受冻。早春解除同样也要分次进行，既要避免解除早受冻，又要防止晚了捂（闷）芽。

秸秆防寒对葡萄的生长发育、产量、品质与埋土防寒相比都有明显提高（表4-4）。这在松原、四平等地的调查，结果也是这个规律。

表4-4 防寒方式对葡萄发育的影响

防寒方式	萌芽率	果枝率	花前新梢长度（50厘米以上）	枝条成熟度	产量/（千克/亩）	果实含糖量
埋土防寒	53.0%	70.0%	52.4%	67.0%	1003.0	13.0%
秸秆防寒	68.8%	75.0%	71.0%	75.0%	1083.8	14.5%
提高	15.8%	5%	17.6%	8%	8.1%	1.5%

要提示的是，在农村常以（谷、麦等）豆叶、毛草等作为防寒覆盖材料，效果也好。但一定要注意，这些覆盖物千万不要直接与葡萄枝蔓接触，应先盖一层薄土或秋秸与葡萄枝蔓隔开。直接接触，容易因其发热而烧坏芽眼，并要在这些覆盖物中拌些灭鼠药，以免老鼠啃咬枝蔓而致伤或死亡。同时，要在覆盖物中间立上 3~5 根秋秸把（或玉米秸等）作为通气孔，以利于通气。

4.4.3 撤除防寒物和葡萄上架

撤除防寒物的时间，一般是在树液开始流动（伤流）后至芽眼膨大前进行。树液流动（伤流发生）说明根系已开始活动，这时撤除防寒土（物）或枝蔓出土，枝芽不易被风抽干，过早则会发生抽干现象，而且会被回寒造成冻害。经验是"杏树开花、葡萄上架"，也就是说葡萄出土就在杏树的花蕾显著膨大时开始为宜。为使土温逐渐增高，撤土（或防寒物）可分两次进行：第一次撤土，东北的中部地区可在 4 月中旬将大部分覆土撤出；第二次在 4 月下旬至 5 月初，当地杏树或李树开花时将土全部撤出。解除防寒物不能过晚，过晚芽眼萌发，极易被碰掉。同时，过晚，根系周围的土壤化冻也晚，当防寒物解除后，根际周围土壤还没化冻，而枝蔓已开始蒸腾作用，对植株生长不利。

解除防寒物时，要小心，不要碰伤枝蔓 [一旦碰伤，可将受伤部位清洁干净对好（复原），用塑料布包紧包严，会自然愈合]，切忌生拉硬拽，碰掉芽子。第二次撤土必须彻底，以免地上部长出浮根，尤其嫁接苗，接口一定要露出地表，以免接穗发生自生根。

防寒物解除后，最好放 1~2 天再上架，上架时对枝蔓要轻拿轻放，以防扭伤和碰掉芽子。绑蔓时注意，应使主蔓偏向防寒方向，以减少冬季防寒时主蔓弯曲度，防止基部折裂。

5 庭院葡萄的病虫害防治

庭院种植葡萄，由于选择品种严格，栽植株数较少，管理精细，以及庭院环境条件优越，一般来说很少患病虫害。但如引种不慎、左邻右舍的葡萄管理不善，或附近家庭葡萄发生病虫害不慎对外传播等原因，也会诱发病虫害的发生，故庭院葡萄园艺对病虫害防治亦不可轻视。

5.1　庭院葡萄的常见病害及其防治

5.1.1　葡萄霜霉病的防治

葡萄霜霉病为真菌性病害，主要危害叶片（图5-1）。发病时叶面最初出现淡红色半透明油渍状斑点，逐渐扩大成黄绿色、形状大小不一的斑块，以后变黄褐色或褐色干枯。在病斑发展过程中，环境潮湿时，叶（病斑）背面产生一层白色霉状物，即病原菌的孢囊梗及孢子囊；嫩梢、花梗、叶柄发病后，油渍状病斑很快变成黄褐色凹陷，潮湿时病部也产生稀少的白色霉层，病梢停止生长，扭曲，甚至枯死；幼果感病，最初果面变灰绿色，上面布满白色霉层，后期病果呈褐色，枯死脱落。

庭院葡萄园艺，由于所处环境，人畜活动频繁，接触较多，故对病虫害防治要慎用化学农药，其虽能防治病虫害，可也易污染环境，甚至对人畜产生毒害，故应以防为主，如加强管理，增强植株的抗病虫能力；清洁园地，减少病虫感染源；及时剪除病虫枝蔓和人工捕杀害虫。

尽量不用或少用对人畜危害大的农药，尤其是剧毒农药，使用对人畜危害较小的如波尔多液和石硫合剂等农药，使之安全可靠。

图 5-1　葡萄霜霉病

霜霉病的主要特征，就是受害部位产生白色霉状物。

霜霉病的发生，与不良气候因素和管理不当有关，如多雨、多雾、多露的天气最易发病；在栽培管理上，如棚架过低、阳光遮蔽、通风不良，土壤、环境过于潮湿，也易感病和蔓延。防治方法如下。

首先要加强管理，及时摘心、绑蔓及中耕除草，改善通风透光条件。冬剪后彻底清除病残枝蔓和落叶。

其次，在发病前开始（7月下旬至8月上旬），每半月喷1次石灰半量式波尔多液，其浓度为1∶0.5∶200倍（硫酸铜1千克∶生石灰0.5千克∶水200千克），连续喷2~3次，或喷40%的300倍乙膦铝或64%杀毒矾700倍液防治效果明显。

最后，发病期可喷布乙膦铝40%可湿粉剂200倍液，效果较好，可使叶上霜霉层消失，病斑不扩展，新叶不感病。

近年来，一些新的杀菌剂如克露（600倍液）、铜高尚（300倍液）、绿得保（300倍液）、大生M45（600倍液）等，对防治霜霉均有较好的效果。

5.1.2　葡萄白腐病的防治

葡萄白腐病也是由真菌引起的病害，主要危害果实和穗轴，也危害新梢和叶片（图5-2）。果穗发病时多从近地表的果梗或果穗梗开始，初期病部出现浅褐色不规则的水渍状病斑，逐渐向果粒蔓延，受害果粒呈浅褐色软腐状，上面着生灰白色的小粒点（病原菌的分生孢子器）。最后病果皱缩、干枯成有明显棱角的僵果。浆果上浆前发病，病果易失水干枯，黑褐色的僵果往往挂在树上不落。浆果上浆后感病，病果不易干枯，严重时全穗腐烂，碰撞时极易脱落。

图 5-2　葡萄白腐病

枝蔓发病，大多发生在从土壤中萌发出的萌蘖枝和受损伤的枝蔓及新梢摘心处。果实采收后的果柄着生处，因组织幼嫩，易造成伤口，也易发病。初发病时，病斑呈淡黄色水渍状，不规则形，手触时有黏滑感，以后逐渐扩大，其上生有密而匀的小粒点。随后表皮变褐、纵裂，韧皮部与木质部分离，并呈乱麻状。病部的上端因养分运输受阻，膨大成瘤状，而病部的下端则往往变细，易折断。

叶片感病时，初期叶尖或叶缘发生淡褐色水渍状圆形或不规则形病斑，逐渐向叶片中部蔓延，并形成深浅不一同心轮纹，病斑中形成许多褐色小点。后期病部呈红褐色，边缘带暗绿色晕，干枯后叶片容易破裂，严重时全叶枯死。

葡萄白腐病，无论是被害的果实、穗轴，还是新梢、叶片，在潮湿的情况下，都有一种特殊的霉烂味，这是与其他病不同的主要特征。

对白腐病的防治，必须采取综合措施才能收到良好效果。

首先，葡萄采收后，要彻底清扫园地，将病枝、病叶、病果收到一起，集中烧毁；生长季节的病枝、病果应及时摘除深埋，以免继续浸染。

其次，加强夏季修剪，及时引缚新梢，改善通风透光条件；提高篱架面的结果部位，加强中耕除草，以减轻病菌传播；生长期间，尽量减少机械损伤，减少感染途径。

最后，葡萄白腐病的侵染与发生多在雨季前夕，故在雨季开始前喷布800~1000倍50%退菌特可湿粉剂或800倍液福美双、70%代森锰锌和64%杀毒矾700倍液，防治效果都比较好。为提高效果，可在药液中加入2000倍的皮胶或其他黏着剂。要注意雨前喷药，雨后及时补喷，可控制住该病的发生蔓延。

5.1.3　葡萄黑痘病的防治

葡萄黑痘病也是由真菌引起的病害（图5-3）。黑痘病一旦发病，危害

图 5-3　葡萄黑痘病

就比较严重，必须及时预防，管理稍一粗放就很危险，特别是在高温多雨的季节更为严重。主要危害绿色幼嫩部分。叶片发病，初呈针头大小的圆形褐色斑点，扩大后中间呈灰褐色，边缘色深，病斑直径一般在1~4毫米。随着叶片的生长，病斑常成穿孔。叶脉感病部分停止生长，叶片皱缩畸形；新梢、卷须、叶柄受害，病部呈暗褐色、圆形、椭圆形或不规则形凹陷，后期病斑中部色稍淡，边缘深褐，病部常龟裂。新梢发病影响生长，以致枯萎变黑；幼果受害，病斑呈现褐色圆形，以后病斑扩大稍凹陷，形似鸟眼状，后期病

斑硬化、畸形、龟裂，味酸不能食用。

黑痘病在温暖多湿季节最易发生，地势低洼、排水不良、通风不良的环境发病更重，氮肥过多，植株组织幼嫩时容易得病。所以，庭院葡萄园艺要特别注意预防。

首先，要消灭越冬菌源，及时剪除病枝、病叶、病果并深埋。这对减轻发病有很好效果。

其次，勿偏施氮肥，防止植株徒长。

最后，春天芽萌动后展叶前喷 200 倍五氯酚钠加 3°Bé～5°Bé 石硫合剂（并能兼治白粉病、坚蚧、红蜘蛛等）；展叶后每隔半月喷 1 次半量式波尔多液，其浓度为 1∶0.5∶200 倍（硫酸铜 1 千克∶生石灰 0.5 千克∶水 200 千克）。花前花后两次喷药，一定要喷均匀，也可喷 50% 的 800 倍退菌特或 50% 的 1000 倍多菌灵。

5.1.4　葡萄蔓割病的防治

葡萄蔓割病，也叫"蔓裂病"（图 5-4）。其是一种由真菌引起的病害，主要浸染当年生枝蔓，尤其是从基部发出的萌蘖枝，感病更重，也可从伤口浸染多年生枝蔓。病菌浸染后潜伏在皮层内，当年不表现症状。翌年春天，葡萄发芽后，病蔓发芽晚或不发芽，感病部位表皮粗糙、翘起，皮层往往变为黑褐色，并在表面密生黑色小点，即病菌的分生孢子器。当病蔓表皮纵裂成丝时，剪开病蔓，可看到木质部已黑朽。病菌浸染多年生枝蔓，初呈红褐色，病部稍凹陷，扩大后呈梭形，组织腐烂变成褐色，密生黑点（分生孢子器），在潮湿的情况下常溢出白色或黄色丝状或胶状物（孢子角）。

图 5-4　葡萄蔓割病

由于蔓割病当年症状不明显，等看出症状时已来不及，该病又发生在主蔓的基部，所以常引起全株死亡。故应注意经常检查，早发现，早防治。防治方法如下。

首先，要加强管理，避免扭伤和机械伤口，减少病菌侵入途径。

其次，要常检查，早发现。发现后及时刮治。刮治时将病斑用刀刮除干净，涂上石硫合剂渣子或 5°Bé 石硫合剂消毒。

最后，发芽前喷 3°Bé 石硫合剂加 200 倍五氯酚钠。6—7 月喷 50% 退菌特500倍液或半量式200倍波尔多液，着重主干和枝蔓，要喷布均匀，防治效果良好。

5.1.5 葡萄穗枯病的防治

葡萄穗枯病，也叫"房枯病"，是由真菌引起的病害，主要在果梗、穗梗和果粒上发生，也发生在叶片上（图5-5）。果穗发病时，先在果梗基部接近果粒

处呈现淡褐色病斑，后病斑变成褐色，并蔓延到穗轴上，当病斑环绕果梗一圈时，果梗即萎缩干枯。其上果粒发病先由果蒂部分失水而萎蔫，扩展到整个果粒并呈灰褐色，最后干缩成僵果，挂在树上经久不落。病果表面产生稀疏而较大的黑色小粒点（分生孢子器）。叶片发病时，出现圆形灰白色病斑，病斑上也长黑色小粒点（分生孢子器）。

图5-5 葡萄穗枯病

穗枯病主要在果穗生长后期、高温多湿的环境下易流行，与白腐病、黑痘病情况类似，故防治该两种病可兼治穗枯病。

冬季修剪，要彻底清洁园地，将病残枝蔓、果穗、叶片集中烧掉。

从落花后至8月，喷布200倍石灰半量式波尔多液3~5次，应注意喷洒在果穗上。

5.1.6 葡萄根瘤癌肿病的防治

葡萄根瘤癌肿病为细菌性病害（图5-6）。该病菌在病组织及土壤中越冬。借风、雨、昆虫和灌水传播，从伤口侵入。多发生在根茎或二年生以上的枝蔓上。初期病部形成类似愈伤组织状的瘤状物，稍带绿色，光滑质软，随着瘤子的增大，表面粗糙，质地渐硬，并由绿色变为褐色，内部组织为白色，进而逐渐变坚硬。遇雨腐烂发臭，最后解体。癌瘤形状多为大小不一的偏球形或球

图5-6 葡萄根瘤病

形。病株生长衰弱、叶黄，轻者影响树势，重者干枯而死。

地势低洼、微碱性土壤或沙土利于发病，酸性土发病较少，故在栽植选地时应注意。

首先，低洼地要注意排水，降低土壤湿度；改良、酸化土壤。

其次，从病区引进苗木，在定植前要用石灰水或3°Bé石硫合剂浸泡3~5分钟，取出晾干再行定植；避免机械伤和虫咬伤，以减少病菌侵入。

最后，大树染病后，可将病瘤刮除，然后将伤口涂上石硫合剂渣子或石灰乳或2~3倍浓碱水。

5.2 庭院葡萄的常见虫害及其防治

葡萄病害常有发生，但虫害较少，由虫害造成严重灾害而减产的更少。不过有几种常见的虫害，也应注意防治。

5.2.1 葡萄介壳虫的防治

（1）葡萄远东盔蚧的防治

葡萄远东盔蚧又称扁平球坚蚧、坚蚧（图5-7）。若虫和成虫为害枝、叶和果实。雌成虫红褐色、椭圆形，背部隆起硬化成介壳，似盔形，直径5~6毫米，腊质，有光泽。雄成虫介壳较小，约4毫米，圆形。在枝蔓的裂皮缝下或枝蔓背阴面越冬，5月上旬开始为害。成虫和若虫固定在枝蔓、叶、果实上吸取汁液。为害期间经常分泌出无色黏液，黏附在叶面和果实上，招引蝇类吸食和霉菌寄生，表面呈现煤烟状，影响外观和食用，

图5-7　葡萄远东盔蚧

致使树势衰弱，萌芽晚，枝蔓、叶、果实发育不良，乃至枝蔓枯死。

（2）葡萄粉蚧的防治

葡萄粉蚧又名康式粉蚧，主要为害果实，也加害枝蔓和近地面的细根。雌成虫无翅，体扁平、椭圆形，长3.5~4毫米，淡紫色，身披白色蜡粉，体缘

有 17 对蜡毛，腹部末端一对最长。雄成虫较小，体长 1~1.2 毫米，紫黑色或灰黄色，翅透明，尾部末端有 1 对较长的针状刚毛，约为体长的三分之一。以成虫和若虫藏在老蔓的翘皮下及近地表的细根上刺吸为害，使被害处形成大小不一的丘疹，随着葡萄植株的生长，逐渐向新梢转移，多停栖在嫩梢的节部、叶腋、穗轴、果梗、果蒂、果实阴面、叶背等部位为害。被害后果粒变畸形，果蒂膨大，果梗、穗轴被害后，表面粗糙不平，并分泌一层黏质物，招引蚂蚁和黑色霉菌，污染果穗，被害果实表面呈棕黑色油腻状，影响果实外观和品质。严重时，整个果穗被白色絮状物所填塞，树势衰弱，造成大量减产。防治方法如下。

首先，葡萄上架时，刮掉老皮烧毁。

其次，春天葡萄解除防寒上架后，喷 5°Bé 石硫合剂，或含油量 5% 的柴油乳剂。

再次，6 月上中旬虫体膨大时喷 0.3°Bé 石硫合剂，或 1000 倍 80% 敌敌畏，或 50% 马拉松 1000 倍液。

最后，保护好天敌，如黑缘红瓢虫、小二红点瓢虫和寄生蜂等，进行生物防治。

5.2.2 葡萄透羽蛾的防治

葡萄透羽蛾成虫像蜂，体蓝黑色，体长 18~20 毫米，翅展 30~36 毫米，前翅红褐色，后翅透明，故称"透羽蛾"。头顶、颈部、后胸两侧、腹部各环节连接处有橙黄色带。卵椭圆形，略扁平，上面稍凹下，表面有网纹。幼虫体长 30~38 毫米，圆筒形，头部红褐色、体浅黄色，老熟时稍带紫红色，前胸背板上有倒"八"字形纹，全体生有细毛（图 5-8）。

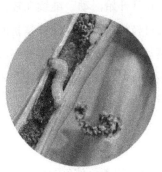

图 5-8　葡萄透羽蛾幼虫

葡萄透羽蛾（图 5-9）主要为害葡萄一、二年生蔓。每年发生一代，以幼虫在枝蔓内越冬。次年 5 月化蛹，6—7 月羽化，产卵于叶腋、芽的缝隙、叶片及嫩梢上。刚孵化的幼虫，由新梢叶柄基部蛀入嫩梢内，为害髓部。幼虫蛀入后，在蛀口附近常堆有大量褐色虫粪。幼虫在枝蔓内蛀食，造成长的孔

图 5-9　葡萄透羽蛾成虫

道，被害部膨大，其上部枝、叶枯死。防治方法如下。

首先，冬季修剪时，将被害枝蔓剪除烧毁，消灭越冬虫源。

其次，6—7月经常检查，发现被害枝（如枯萎枝，有虫孔、虫粪等）及时剪除，或用铁丝刺入杀死幼虫。

最后，在粗枝发现虫孔时，可从蛀孔灌入500~800倍50%敌敌畏，然后用黏土封住蛀孔。也可用棉球（或秫秸瓤）蘸敌敌畏乳剂塞入蛀孔，封死，以熏杀幼虫。

5.2.3　葡萄虎天牛的防治

葡萄虎天牛（图5-10）是一种小型天牛，幼虫为害一、二年生枝蔓。成虫体长9~12毫米，体黑色，前胸红褐色，略呈球形；翅鞘黑色、两翅鞘合并时基部有一个"×"形黄色斑纹，近翅末端有一条黄色横纹。卵乳白色，椭圆形，一头稍尖。幼虫全体淡黄白色，头甚小，老熟幼虫体长13毫米。

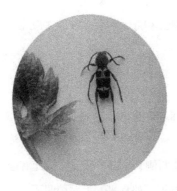

图5-10　葡萄虎天牛

葡萄虎天牛一年一代，以幼虫在枝蔓内越冬。下年5—6月开始活动，继续在枝内为害，有时幼虫将枝横行咬切，使枝梢折断或上部枝梢枯萎。7月间老熟幼虫在被害枝内化蛹，8月间羽化为成虫，在新梢的芽鳞缝隙内或芽的附近产卵，卵散生，孵化成幼虫后，即蛀入新梢木质部内纵向为害，粪便充满蛀道，不外泄，外表不易发现。落叶后，在节的附近被害表皮常变为黑色，易辨识。防治方法如下。

首先，冬季修剪时，将被害变黑的枝蔓剪除烧毁，以消灭越冬幼虫。

其次，生长期见被害萎凋折断的新梢及时从其下部剪去，并将幼虫找到、杀死。

再次，用棉球蘸50%敌敌畏乳油200倍液堵塞虫孔。

另外，发生量大时，在成虫盛发期喷布50%杀螟松乳油1000倍液或20%杀灭菊酯3000倍液。

最后，成虫产卵期，喷布50%敌敌畏乳剂1000倍液或90%敌百虫500倍液。

5.2.4　葡萄十星叶甲的防治

图 5-11　葡萄十星叶甲

葡萄十星叶甲为小甲虫，体长 5 毫米左右，椭圆形。体黑色有光泽，被黄色短毛及刻点。触角丝状，被密毛。鞘翅棕褐色，有数排纵向排列的刻点，每鞘翅有 5 个圆黑斑，两翅共 10 个，故称十星叶甲（图 5-11）。卵长椭圆形，中部椭圆，端部半透明。老熟幼虫体长 7.5 毫米，为乳白色，头黄褐色。3 对腹足。蛹为裸蛹，长约 5 毫米，乳白色，微带粉红色。

葡萄十星叶甲一年一代，成虫和幼虫在葡萄根附近土中越冬。越冬成虫在 4 月中旬出蛰，5 月中旬可陆续出土为害。5 月末雌虫在葡萄枝蔓翘皮下产卵成堆。成虫主要为害叶片、新梢与穗梗等部位，叶片被食后成罗网状。成虫昼夜取食，取食后即在叶面上或新梢上栖息不动或落地入土。幼虫从卵壳脱出后即钻入土中，食害葡萄根，影响根的发育。幼虫老熟后在葡萄根附近以土做成圆形土室，在里边化蛹。蛹期 10 天左右。防治方法如下。

首先，6 月上旬至 7 月上旬，刮除葡萄枝蔓翘皮、清除虫卵。在成虫发生期利用其假死性，清晨震落杀死。该法对葡萄幼苗效果尤其明显。

其次，成虫发生期，可喷布 50% 敌敌畏乳油 1500 倍液。

再次，根据葡萄十星叶甲的越冬部位，在春季撤防寒土后，结合灌水，可用辛硫磷或 1605 乳剂等触杀剂撒于地面，待水渗下后松土，消灭越冬成虫和幼虫。

最后，幼虫期喷 50% 敌敌畏乳油 1500 倍液，效果也很明显。

5.3　波尔多液和石硫合剂的配制

葡萄病虫害防治最常用的药剂为"波尔多液"与"石硫合剂"，此两种药剂原料易得，制法简单，现将配制方法介绍如下。

5.3.1　波尔多液的配制

波尔多液是葡萄栽培应用历史最久、应用范围最广的一种杀菌剂，对大多数真菌病害都有很好的防治效果，如葡萄霜霉病、黑痘病等。但葡萄易受石灰的伤害，故应用石灰半量式波尔多液。所谓半量式，就是生石灰用的量是硫酸铜的二分之一。葡萄病害防治量常用的配合方式如表 5-1 所示。

表 5-1　葡萄常用的波尔多液的配合方式　　　　　　　单位：千克

应用时期	配合方式		硫酸铜	生石灰	水
生长初期	240 倍石灰半量式	配合比例	0.5	0.25	240
生长后期	200 倍石灰半量式		0.5	0.25	200

配制时要将硫酸铜和生石灰分别放在两个容器中，各用半量水溶化，然后将硫酸铜溶液和石灰乳同时倒入第三个容器中，边倒边搅拌，即成天蓝色波尔多液。也可用十分之九的水溶解硫酸铜，用十分之一的水溶解生石灰，然后将硫酸铜溶液慢慢倒入石灰乳中，不断搅拌即成。但配制时需注意以下几点。

① 配制前要先将硫酸铜粉碎，配制时先用少量热水溶化，兑冷水后与石灰乳混合，否则配出的波尔多液容易沉淀。

② 生石灰要选白色、块状的。如用熟石灰，需增加石灰量 30%~50%。

③ 切记只能将硫酸铜溶液倒入石灰乳中，不能颠倒顺序，即不可把石灰乳倒入硫酸铜溶液中。

④ 配制时所用的容器，要用陶器（缸等）、塑料桶、木桶等，忌用金属容器。

⑤ 配制时如有沉淀或残渣，应进行过滤，使用时最好加用适量豆浆，以增加展着性。

5.3.2　石硫合剂的配制

石硫合剂即石灰硫黄合剂。该药剂既可用作杀菌剂，又可用作杀虫剂，是葡萄栽培最常用的一种药剂，可防治多种病害和螨类，对防治葡萄白粉病、炭疽病和葡萄蚧壳虫也有显著效果。

石硫合剂有自制和工厂生产两种。庭院葡萄园艺多用工厂生产的现成品（原液）。原液浓度大，需加水稀释后方可使用。稀释浓度的大小，要依葡萄的生长期、防治对象和季节气候条件而定。一般来讲，休眠期使用浓度高，生长期使用浓度较低。早春较浓，夏季较低（表 5-2）。

表 5-2　葡萄栽培常用石硫合剂浓度

喷布时间	浓度（波美度）
冬季或早春休眠期（落叶树木）	3ºBé ~ 5ºBé
花蕾萌动—花蕾变色期	0.3ºBé ~ 0.5ºBé
生长期（夏季喷布）	0.3ºBé
生长期易受害的树木（夏季）	0.2ºBé

使用石硫合剂时，首先应看好原液浓度，再根据需要的浓度确定稀释所加水量，计算方法如下：

$$\frac{加水倍数}{（重量稀释）} = \frac{原液波美度 - 稀释液波美度}{稀释液波美度}$$

例如，石硫合剂原液浓度为 25ºBé，欲配制成 0.5ºBé 的药液，需加水多少倍？

$$加水倍数 = \frac{25ºBé - 0.5ºBé}{0.5ºBé} = 49 倍$$

即 1 千克 25ºBé 原液，需加水 49 千克，即可得到 50 千克 0.5ºBé 的稀释液。

使用时还需注意药害，如早春不宜连续喷施 2 次以上，夏季高温尤其 30℃以上，不宜喷施。

6　葡萄的家庭简易贮藏与加工利用技术

庭院葡萄贮藏与加工利用，是庭院葡萄园艺的后续工作，带有"深化效益"成分，但与普通生产上贮藏加工不同，应该说是"小打小闹"，可其意义并不逊色，带给人们的同样是物质文明与精神文明的双赢。

家庭葡萄的贮藏与加工，不仅简单易行，而且其产品食用方便快捷，并无污染，有机化，食用放心。因此，葡萄的贮藏与加工制汁、造酒，又是庭院葡萄园艺的重要内容之一。

下面仅介绍一些家庭常用而且简单易行的葡萄贮藏与加工制汁和造酒的方法，或称"土法"贮藏与加工。

6.1　庭院葡萄的采收与贮藏

庭院葡萄园艺的葡萄采收问题，因其功用不同，要求也异，如鲜食的采收期从开始成熟至完熟期均可随食随采；若作备留贮藏，采收就应越晚越好，只要不受冻；而作为制汁、酿酒用的葡萄，要想汁和酒的质量好，就该完熟期以后晚采，即使霜打微冻也无妨，甚至更好。

就鲜食葡萄而言，浆果成熟期标准分法不一。具体分法一般多分成开始成熟期、采收成熟期、完熟期和过熟期。

开始成熟期：指有色葡萄品种果皮出现彩色，无（绿）色品种退绿，稍有透明。浆果的酸度和单宁明显降低，糖分明显增加，但糖酸比、鲜食品味、口感尚未达到该品种特有的标准，有的品种虽可食，

但口味不佳。

采收成熟期：系指果实已经成熟，达到（鲜）食用要求，浆果的糖酸

比、品质、口感和风味已达到该品种的固有标准，可供食用采收。

完熟期：也叫完全成熟期，即生理成熟期。有色品种完全呈现该品种的特有色泽和风味，无（绿）色品种浆果果粒变软，具有弹性，近似透明。果实含糖量达到该品种的最高点，果实的总糖量不再增加，是鲜食的理想时期，也是体现该品种的品质、特征、特性的最佳时期。

过熟期：进入该期，有些品种浆果萎缩，测定果汁糖分浓度时将高于完熟期，这是由于浆果水分通过果皮的散失，细胞液浓度增加的缘故，并不是总糖量的增加。而有些品种的果粒有脱落现象。此期浆果鲜食虽然较甜，但风味、口感不如前两期，但若制汁和造酒倒是最佳采收期。

家庭葡萄的采收与生产葡萄园的采收，因功用、目的不同，而不必那样严格划分采收期，多是随需随采，根据需要而定，总体可分为即食采收、贮藏采收、加工采收。

6.1.1　即食采收

所谓即食采收，就是随时想吃，随时到葡萄架下采摘，这是庭院葡萄园艺的特有方便条件。例如，来了客人或某种特殊需要（如有患者、老人、孕妇等），只要葡萄变色到开始成熟期，都可随时采摘。否则想吃葡萄就得到市场去买，既不方便又浪费精力。家庭葡萄即食采摘，卫生安全，不必担心农药或保鲜剂的污染问题。到市场买的葡萄，浆果靠果蒂的地方往往变褐，有碍食用，如果穗带有腐粒或长"白毛"的果粒，若清洗不净，吃了对人体自然有害。

6.1.2　贮藏采收

家庭葡萄贮藏与生产上的贮藏不同，而且贮藏目的也不尽相同，家庭葡萄贮藏多是吃不了或留些以后备用，才行贮藏。因此，这就存在着临时贮藏和备留贮藏的问题。所以，在采收上的要求也不尽相同。

临时贮藏：即短期贮藏，或说当时采收多了，一时吃不完，把剩下的完整果穗暂时放在冷凉的地方保存，这里不存在采收时间早晚问题。但采收方法应讲究，不要用手直接拽果穗，应用采果剪（或修枝剪、锋利的刀具）剪割采摘，剔出病果粒、坏果粒，轻轻放在果篮里，既美观又好贮藏。

备留贮藏：葡萄产量相对较多，自家准备贮藏一部分，以备日后随时食用。

就家庭贮藏葡萄而言，北方比南方气候条件优越。一般来讲，葡萄采收后，天气已经转凉，具有自然预冷条件，宜于贮藏。

备留贮藏用的葡萄，其采收日期以适当晚些为好，但不能遭霜。采摘的具体时间最好在晴朗的上午或傍晚。若清晨无露水则采摘最宜，因清晨气温低，果穗果粒较凉，利于贮藏。应注意，在露水未干的清晨、雾天、雨后或烈日曝晒下均不宜采摘，以免降低浆果的贮藏性能。

采摘时要用手指捏住穗梗，用手掌托住果穗，以采果剪（或修枝剪、锋利的刀具等）留穗梗 3~5 厘米剪断，随即轻轻放在果箱（筐或篮）中。备贮的葡萄采收时一定要轻拿轻放，小心细致，尽量不要擦掉果粉，如发现有病果、裂果要随即去除。

采收、入袋（塑料袋）、装箱最好一次到位。即采摘下来的果穗直接装入无毒的食品（塑料）袋内，每袋装 1~2 穗（0.5~1 千克），扎紧袋口，不使漏气，然后放在箱内，也可大包装，即每箱一袋，装葡萄 5~10 穗（2.5~5 千克），装好后封口扎紧。这样以免多次来回倒腾碰伤果粒，降低贮藏性能。

家贮葡萄用箱，多以自制的木箱为主，一般高 13~15 厘米，长宽可根据材料具体灵活掌握，也可采用类似大小的适合贮藏用的纸（壳）箱、塑料箱和其他代用品。但不管采用什么箱，最好每箱只摆一穗层，以防挤压，影响贮藏效果。

葡萄采收装箱后，一般因贮藏地（窖、仓库、地下室、走廊等）当时温度高不能马上放入，需暂时放在温度既低又不能上冻的地方（如冷库房）预冷一段时间，在贮藏技术上，把这段时间称作"预冷"。

预冷地（场所）应是阴凉处，防止日晒，尽量保持冷凉，利用昼夜温差大的特点来进行调节控制。例如，夜间敞开窗户，放入冷空气；白天关闭门窗，阻止热空气进入。这段时间只要不上冻，越冷越好，时间越长越好。

6.1.3 家庭葡萄贮藏

家庭葡萄贮藏，不可能如生产性贮藏葡萄要求条件那样严格，一般也没有制冷、通气、消毒等条件，所以不必拘泥于资料介绍的那样贮藏要求的条件。

少量临时贮藏，装入食品（塑料）袋内放入冰箱冷藏室即可，这是常识，不必多述。量稍大（或无冰箱）可装在食品袋内封严扎紧，不使漏气，放在冷凉（最好是 ±2℃的温度）地方或挂起来随用随取。在贮藏期间，要经常检查，看看是否有发霉和烂粒现象，如有就要及时处理，以免继续感染漫延。

若贮量相对较多，贮存时间较长，贮藏场所就该严格选择，空间要大，低温且易保持恒定，通风良好的场所如菜窖、地下室、山洞等，均可作为贮藏葡萄用。

在贮藏摆放时，千万不能挤压，最好平摆在隔架（板）上，也可悬挂。备留贮藏一般贮存时间都比较长，所以，在温湿度控制上极为重要。采收后要及时预冷，快速降温，入窖（贮藏场所）后，在果梗不产生冻害或冷害（-2~-1.5℃）的条件下，温度越低越好。理想温度为 -1~0℃。温度在2℃以上，果刷部位首先容易发生溃烂。贮藏（窖、库）湿度，一般要求保持85%~95% 的相对湿度，95% 以上容易导致多种病原菌的滋生，造成果梗霉变，果粒腐烂。低于80% 则会引起果梗失水、干梗。所以，要适时通风换气，通风时要注意温度变化不要太大。

除窖、库贮藏外，尚可依家中具体条件采用罐贮、缸贮或筐贮，对罐、缸要进行消毒，最好也设架分层摆放，防止挤压，用塑料布封口，筐贮应用塑料袋把筐整个套上封严。不管用什么办法，都要注意温湿度的管理。

为防止霉烂，除控制好温湿度和适时通风外，有条件可用 SO_2（二氧化硫）熏蒸 20~30 分钟，然后通风排出。也可用保鲜剂（亚硫酸盐和黏合剂混合压制的片剂，市上有售），放在塑料袋内，每袋2~4 片即可。

6.2 葡萄的家庭加工利用

6.2.1 葡萄果实的糖酸比值

家庭葡萄的加工利用，主要是制汁与酿酒，方法简单，操作容易，而且要求设备也比较简单，一般家庭均可做到。

葡萄汁和葡萄酒的质量好坏，决定葡萄品种、品质的好坏，而品质的好坏关键在于浆果的含糖量，含糖量又与采收期有密切关系。在加工生产上要求制果汁用葡萄含糖量为 17%～20%，含酸量为 0.5%～0.7%；酿酒用葡萄的含糖量为 17%～20%，所以，加工用葡萄对品种要求较严，素有葡萄汁、葡萄酒的好坏"先天在于葡萄，后天在于工艺"之说。庭院葡萄园艺则不同，栽植的葡萄多是鲜食品种，多达不到加工要求的标准（表 6-1），故多采取晚采摘的措施，以增加果汁糖分的浓度。

表 6-1 部分葡萄品种的含糖、酸量

品种	巨峰	里扎马特	京亚	京秀	蜜汁	贝达
糖	13.7%	16.2%	15.19%	15%～17%	17.6%	14%～16%
酸	0.55%	0.68%	0.6%	0.45%	0.61%	1.4%

葡萄口感的"甜"与"酸"不仅取决于果实的含糖量高低，更重要的是葡萄果实中一种新的常识性概念——"糖酸比值"在决定人类味觉的甜与酸。例如，巨峰葡萄含糖量为 13.7%，远低于贝达葡萄的含糖量（14%～16%），但贝达葡萄的糖酸比值为 16%∶1.4%≈11.43，而巨峰葡萄的糖酸比值为 13.7%∶0.55%≈24.91，巨峰品种葡萄的糖酸比值量值显著高于贝达品种葡萄的糖酸比值 11.43，所以巨峰葡萄虽然含糖量低于贝达葡萄，但由于含酸量低，"糖酸比值"却远高于贝达葡萄，所以食用时巨峰葡萄口感的"甜"远胜于贝达葡萄，其他酿酒类葡萄品种如山葡萄，食用口感很酸，但含糖量却高达 20% 以上，造成酸味甚浓的原因则是"糖酸比值"低。"糖酸比值"这一有趣的常识性概念也可延伸类推至其他水果，用于解释人类口感的"酸"与"甜"的味觉效果。

6.2.2 葡萄汁的家庭制汁技术

制汁用的葡萄，要求浆果新鲜、完全成熟、无霉烂、无病虫的果实，并且色泽鲜艳、风味良好。

家庭制葡萄汁与企业生产不同，有相当的随意性，如摘下的葡萄吃不了，可以制汁，有特殊需要——老人、小孩、患者等想喝葡萄汁，可随时到园里摘回葡萄制汁，亦即想吃就制，糖度不够，可根据口感适当加糖调和。所以，对葡萄品种及其含糖量、采收时期等要求就不那么严格。

当然，要批量制汁或想多加工一些贮存以备日后随时饮用，这样对原料葡萄的挑选就该严格一些，而采摘时期宜晚不宜早，最好在完熟期以后采摘，此时不仅含糖量高而且制出的汁液风味与口感均达到最佳水平。

制葡萄汁的加工工艺流程（家庭制葡萄汁的程序）如下：

葡萄→清洗→去梗（穗轴）→破碎→压榨→过滤→消毒→装瓶。

将葡萄用洁净的清水进行冲洗，去掉附着在表皮上的泥土、微生物、（防病虫）农药，使之洁净无杂物，以免影响果汁的风味。清洗干净后撸摘果粒去梗，然后进行破碎（家庭多用手挤压捏碎），破碎后进行压榨取汁。为使果皮的色素（有色葡萄）及其养分（如葡萄多酚等）溶解在果汁中，可适当加热至 70~80℃，保持 5 分钟即可，千万注意温度不能过高，加热时间也不能多，以免破坏色素和维生素 C 而得不偿失。果汁取出后即可用三层纱布或尼龙纱网进行过滤。

取汁量多时，可将破碎的葡萄装入布袋放在脱水机（家用洗衣甩干筒）里甩出果汁，然后过滤。

过滤后的汁液，可先放在锅里加热消毒，然后装瓶。最好先装瓶进行水浴加温（加温时瓶不要盖盖），避免先加热消毒后装瓶时的二次污染。加热的温度控制在 80℃，20~25 分钟即可达到灭菌消毒作用。消毒后密封保存在 -1~0℃的环境中（-5℃左右保存最好），这样葡萄汁颜色厚亮、品味淳厚芳香。

如要汁液透明清澈可加澄清剂，如蛋白酶等，无蛋白酶加鸡蛋清也可，放置一段时间即有沉淀物沉下，澄清后的葡萄汁再如上法加热消毒，密封即可。

在饮用时，如甜度不够，可适当加糖调和，直至口感满意为度。

6.2.3 葡萄酒的家庭酿造技术

酿酒葡萄质量的主要理化指标是糖含量，以葡萄糖为例，经发酵后可生成乙醇（酒精）：

$$\underset{(葡萄糖)}{C_6H_{12}O_6} \xrightarrow{\text{发酵}} \underset{(乙醇)}{2CH_3CH_2OH} + 2CO_2 \uparrow$$

从上述反应式可见，高含糖量的葡萄经发酵后才能得到高乙醇（酒精）含量的葡萄酒。

酿造 11%vol 的葡萄酒，需要 187 克/升糖含量的葡萄；酿造 12%vol 葡萄酒需要 204 克 / 升糖含量的葡萄。 即酿酒葡萄的糖含量应在 20 % 左右。

庭院葡萄园艺所种植的葡萄多是鲜食品种，很少有酿造品种，含糖量一般都达不到要求。 所以，采收时期必须在完熟期以后越晚越好。 最好在过熟期并达到一定程度的萎蔫进行采收，酿酒效果更好。 此时，果梗已干缩，浆果含酸量下降，含糖量因果汁浓缩效应而提高，采用这样葡萄酿出来的酒，风味更加甜美、香郁。

采收时要随即剔除霉烂果和小青粒，以保证酒的质量。

用红色或紫色葡萄酿造的酒叫红葡萄酒，用白葡萄酿造的酒叫白葡萄酒。 如用红葡萄酿造白葡萄酒，榨汁后需在红葡萄汁中每 100 升加 50 ~ 150 克的骨炭，令其静止 10 ~ 12 小时即可褪色。 但家庭酿葡萄酒多为自用，没必要褪色。 现将家庭酿造葡萄酒的方法简介如下。

酿造工艺流程（即家庭酿造葡萄酒的程序）：

葡萄→分选→去梗→破碎→发酵→榨汁过滤→葡萄（原汁）酒→调配。

分选、清洗、去梗：对原料葡萄首先要清除青粒、霉烂粒，减少杂菌，以保证发酵与贮存的正常，然后用清水冲洗干净，将果粒从果穗轴上摘下，去除果梗，以免增加酒中单宁的含量和涩味。

破碎：果梗去除后将果粒压（捏）碎，生产上用破碎机（打浆机）破碎，家庭多采用手工挤压捏碎（注意要戴上塑胶手套以免引起皮肤过敏反应）。

发酵：葡萄粒破碎后，连同果皮、果肉、种子等混在果汁中一起放在缸（或坛、塑料桶）中进行发酵。 为增加酒度、保证质量、易于贮存，应加糖（绵白糖或白砂糖）一起发酵。 至于加量多少可根据葡萄浆果的含糖量而定。 从理论计算和实践经验，1 升葡萄汁含葡萄糖 170 克，可酿制成 10%vol 的酒，即想使 1 升葡萄汁增加 1%vol 的酒精，则需加 17 克糖。 要想精确推算出加糖量，需要先测定出葡萄的含糖量，但一般家庭既没有折光仪（测糖仪）又无比重计，无法推算。 就笔者多年来的经验，以长春地区所产葡萄为原料每 10 千克原料葡萄可加 1 ~ 1.5 千克绵白糖，即可达到满意效果。 这样酿出的葡萄酒酒精度一般均可达 8%vol ~ 10%vol。 不兑食用酒精，也从未发生过霉变现象。

发酵时果汁不能装满整个容器，至少留有 1/4 ~ 1/3 的空间，以免发酵汁液外溢。 果汁装好后，最好将发酵容器（缸等）用塑料布把口封严扎紧，这样在 20 ~ 25℃的环境下 7 ~ 10 天即可见浮渣下沉，不再发气泡，主发酵完成，温度越高发酵越快。

在发酵过程中，每天要搅拌2~3次，将浮在上边的葡萄皮搅拌在汁液中充分混合，也使发酵过程中产生的CO_2（二氧化碳）放出。

也有人介绍，发酵容器不密封（口）的，仅将缸口蒙上一层纱布，使发酵产生的CO_2从纱布孔中散出。实际这种办法有一定的缺点，一是温度低发酵慢；二是不仅CO_2从纱布孔中散出，发酵产生的酒精也随之散出部分而降低酒度；三是空气中的杂菌、微尘也容易从纱布孔中侵入，易感病酸败。所以，经验认为还是将容器口封严扎紧发酵为好，同时缺氧发酵也起到灭菌作用。

榨汁过滤：葡萄发酵好（果皮基本沉下而无气泡）后，即可进行榨汁过滤，方法与制葡萄汁时过滤方法基本相同，但由于经发酵后的葡萄汁液比未经发酵的葡萄汁黏度大，故应先采用二层尼龙纱挤压过滤一次，然后再用三层纱布进行第二次过滤。若量大最好先用粗布包好放在已清洁好的脱水机内把汁液甩出，然后再用三层纱布过滤，这样效果会更好。由此过滤出的汁为一次汁，即为原汁酒，加糖调和后就可饮用。也可将一次汁每千克加0.1千克糖，再行二次发酵，此称后发酵。后发酵过程自然进行，不必搅拌，也不要晃动。经过后发酵的酒质品味更好。

第一次发酵后过滤出的渣皮（称一次渣皮），再加入浓度为10%左右的糖水，其量约为渣皮（包括种子）的1/2，再行发酵。方法及管理同前发酵。所得汁为二次汁，即二次原酒。过滤剩下的渣皮（称二次渣皮）舍弃不要，种子可留下晾干后磨成粉，是很好的营养补品。

两次过滤出的原酒，装瓶或坛密封贮存在冷凉的地方，如能保存温度在$-5~-2℃$的环境更好，贮存时间更长。一般自家用酒不加防腐剂（如苯甲酸钠，若加也不要超过0.1%）、色素、蛋白糖等，因其对人体无益。

饮酒调配：一般家庭自酿自用的葡萄酒多是现饮现调配，也可饮用前2~3天配制。

调配酒时兑水量多与原酒相等，即所谓的"半汁酒"。酒汁浓度太大，口感黏腻，酒感不足。加糖量应依"原酒"而定，若口尝酸度过大，就适当多加些糖，反之则少加糖，即以饮酒者个人的口感喜好来定。实践经验认为，一般每杯（500毫升）半汁酒加糖1~2汤匙（15~20克）即可。具体操作过程如下。

用白开水先把糖（溶）化开，然后与原酒混合，总水量与原酒汁各半，充分搅拌，使糖、水、酒充分融合即可。若调配后的半汁酒过甜，口感不佳，可适当加柠檬酸（市上有售）少许，品尝满意为度。

　　一次汁和二次汁（两次原酒）可混合调配。在调配时切忌加白酒和醋，以免影响葡萄酒的风味，口感变坏；自家调制的葡萄酒不宜放置太久，因未经高温灭菌消毒，容易感染变质；调配用水必须是白开水，以免生水感病；装酒容器尽量不用金属（尤其铁）制品，并要严格清洗干净，用热水消毒，以防感染。

7 家庭盆栽葡萄

　　盆栽葡萄是庭院葡萄园艺的一种特殊栽培方式,深受城乡广大居民的欢迎。因为盆栽葡萄不受地块、地势和土壤条件的限制,成本低,栽培管理容易,技术要求简单,容易掌握,非常适合城镇和广大农村居民的家庭栽植。又因其占地面积小,可充分利用窗台、阳台、平台和庭院空闲的地方,无论居室面积大小,只要有阳光均可放置盆栽葡萄。同时,由于葡萄生长快,造型成形快,绿化、美化、香化效果明显。所以,盆栽葡萄起到生产水果和美化环境相结合的作用。

　　盆栽葡萄最突出的特点就是容器栽植可以随意挪动,不受寒冷和晚霜的影响,可延长生长期。也很少发生通风透光不良现象,病虫害少。但由于受容器影响,根系生长受到限制,从而吸收营养也就自然受到限制,进而导致地上部生长发育也受到限制,所以产量也就较低(一般盆口径 30 厘米左右的盆栽葡萄其产果 3~5 千克)。同时,由于盆栽受容器的限制,根系对肥水反应敏感,稍多或不足都会产生不良影响。不过这些都可以通过人为园艺措施加以解决。

　　家庭盆栽葡萄的园艺技术要点如下。

7.1 家庭盆栽葡萄容器的选择

　　容器的选择既要考虑本身的要求,又要便于移动。一般可选择直径、高矮都在 40~50 厘米的花盆、泥盆、木箱、塑料盆等。刚栽时(当年)由于葡萄植株小,容器可稍小些,以后随树龄的增大,落叶后结合换盆土时再换大盆。

7.2 家庭盆栽葡萄盆土的选择

由于容器的容积有限，为满足葡萄生长发育的需求，应选择富含有机质、土质轻松、保水力强的土壤。一般以阔叶树下的腐叶土为好，其营养价值高，保水、通气性好。也可人工沤制，即秋天或春天收集树叶放在坑里，并浇入人粪尿、洗肉水等，加土封严，经一夏天即成腐殖土。然后再加园土和粗沙各一份，即可用为盆土。或用熟马粪、园田土、河沙（或细炉渣）各三分之一，混合均匀作盆土也可。

容器选好后，先把容器底的排水孔以瓦片等物盖好，然后装入盆土（最好先在下边铺一层沙或炉渣，以利于排水），装至盆高的 1/4~1/3 时将葡萄苗放入正中央，根系向四周舒展开，再把盆土装满，轻轻压实，使土表距盆沿（口）2 厘米左右，浇透水，暂放荫处数日，以利于缓苗。

7.3 盆栽葡萄的肥水管理

在定植时或转盆时，有条件的就应适当施些基肥，如饼肥（每盆 150~200 克）、鸡粪（250~300 克）等，所用肥料要碾碎过筛，并混以 2 倍的土拌匀再施入。生长期应进行追肥，经常补给有机肥料，如豆饼、鸡粪、鱼类废弃部分、臭鸡蛋等用水浸泡发酵而成速效性有机肥。施用时兑水，少施勤施，每周一次，施后浇水（为避免有臭味，放在室外操作）；果实成熟前用草木灰水追肥，可增加果实品质。必要时也可追施无机肥，如每盆每次施尿素 5 克、过石灰（过磷酸钙）10 克、氯化钾 6 克，施后浇透水（或掌握氮肥浓度不超过 0.1%，磷、钾肥不超过 0.5%）。

盆栽葡萄生长的好坏，水是关键，不论是在生长期还是在越冬休眠期，都不能缺水。这主要是因为盆栽土温高，与空气立体接触，蒸发面积大，故应勤浇水。一般情况下应每 3~4 天浇水一次。水最好是经过太阳晒过的水，水温接近盆土温度。尤其早春刚萌芽时，要求较高的盆土温度，用"晒"过的水有利于促进生根发芽。

总体来讲，盆栽葡萄春夏生长旺季要勤浇，秋季宜少浇；炎热天要多浇勤浇，阴雨天少浇或不浇。切忌天天浇水，原则是"不干不浇、干透浇透"。

浇水时所用的水最好是自然水，如河水、池水、沟水等，若用自来水和井水，应经过"困水"（在缸内经过太阳晒存几天）待用为宜。

7.4 盆栽葡萄的换土技术

换盆土，又称翻盆或转盆。原盆土经较长时间栽植葡萄，理化性质变坏，营养缺乏，或老根充满容器（盆）。所以，盆栽葡萄必须每隔2~3年换一次盆土。换盆土时间，多在秋季落叶后或早春萌芽前进行。换土时将根（土）团从盆中轻轻取出，用竹片或小木棍等工具轻轻剔去根团周围的陈土，同时对伤根和老根进行修剪，以利于新生，但要避免伤根太多。根修理好后装上新的营养土，浇透水，使之根系与土密接。此后要控制水分，不宜过多，待新根生出后，再逐渐增加水量。

在整个换盆操作过程中，切勿碰掉芽子和扭伤枝蔓，否则因盆栽葡萄枝蔓较少，不易补救。

7.5 盆栽葡萄的整形修剪

盆栽葡萄的整形修剪是一项重要技术措施。依盆的大小和造型要求，可采用单蔓式和双蔓式，其上均匀配置结果枝即可。其架式多为立柱式，一柱或双柱。柱高1.5米左右。主蔓可依主人的造型要求进行弯曲，呈柱形、塔形、动物等形的盆景。

盆栽葡萄也可根据放置地点采用小型篱架和倾斜架式等，为美观还可另设计架式，灵活多样，不拘一格，但要以保证充分利用光照为原则。

盆栽葡萄由于生长量小，不论采用什么架式，枝蔓都不宜留得过多，结果也不宜过多，以保证植株的正常生长发育。

7.6 盆栽葡萄的越冬保护

秋季落叶后即可进行修剪，同时撤去支架，然后将枝蔓捆好，连盆一起

放在 -5~5℃的环境里, 如菜窖、地下室或温度在 0℃左右的走廊里。千万不能把其放在室内越冬, 室内温度高, 不利于通过自然休眠, 翌年春季 2—3 月, 在室内高温作用下经常过早萌发, 而室内光线不足, 新发出的新梢发育不良, 色泽弱白, 不能正常结果。但在无霜期短的东北的中北部地区, 可在 4 月中上旬将盆栽葡萄适当提前搬到室内, 提早发芽; 晚霜过后, 再搬至室外或阳台上, 以延长生育期。此项园艺措施可促进晚熟盆栽葡萄品种秋季完熟与延长观赏效果期限。

附录
庭院葡萄园艺工作历（东北的中部地区）

时间		工作项目	备注
4 月	中旬	撤除第一层防寒土，整修葡萄架	
	下旬	撤除全部防寒土（或物），农谚"杏树花开，葡萄防寒土撤开"。清理葡萄株间杂物，继续整修葡萄架	覆土要彻底清除，不要伤蔓
5 月	上旬	上架绑蔓，施肥、灌水、松土、打 5°Bé 石硫合剂	上架后开沟施肥灌水
	中旬	苗木定植或补栽，株间松土，平整好防寒土，抹芽、除萌	
	下旬	抹芽、引缚新梢、打药、灌水	200 倍波尔多液
6 月	上旬	抹芽、引缚新梢，处理副梢，松土、除芽	
	中旬	结果蔓花前摘心，处理副梢，灌透水，喷药	200 倍石灰少量式波尔多液
	下旬	引缚新梢，处理副梢，除卷须，除草松土，追肥，灌水	
7 月	上旬	处理副梢，掐卷须，绑蔓，天旱灌水，喷药	喷 180~200 倍石灰少量式波尔多液或 50% 可湿性代森锌 600 倍
	中旬	绑蔓，处理副梢，卷须，切断浮根	
	下旬	喷药，处理副梢	
8 月	上旬	处理副梢，绑蔓，延长蔓摘心，除草松土	
	中旬	早熟品种采收，摘除病叶、病果，延长蔓摘心，断浮根	
	下旬	处理副梢，除草松土	
9 月	上旬	摘除过密的老叶，采收果中熟品种	
	中旬	采收中、晚熟品种	
	下旬	采收晚熟品种	
10 月	上旬	施基肥	
	中下旬	冬剪，清扫落叶、枝蔓，灌封冻水，埋第一次防寒土	
11 月	上旬	全部完成防寒埋土工作	防寒挖土沟灌水

参考文献

[1] 沈隽，蒲富慎，钟俊麟.中国农业百科全书（果树卷）[M].北京：农业出版社，1993.

[2] П.М.Жуковскцй.普通植物学 [M].王道济，王敬立，郭兴嘉，译.北京：财政经济出版社，1956.

[3] 王忠跃，孙海生，樊秀彩.提高葡萄商品性栽培技术问答 [M].北京：金盾出版社，2010.

[4] 严大义，赵常青，才淑英.葡萄生产关键技术百问百答 [M].北京：中国农业出版社，2005.

[5] 黎盛臣.葡萄品种彩色图谱 [M].沈阳：沈阳出版社，1989.

[6] 山东农学院.果实蔬菜贮藏加工学 [M].北京：中国农业出版社，1961.

[7] 张茂杨，云南葡萄科学发展中心，山东酿酒葡萄科研所.葡萄品种卷（上）[M].昆明：云南出版社，1999.

[8] 浙江农业大学.果蔬贮藏加工学 [M].北京：人民教育出版社，1960.

[9] 中国农科院果树所.苹果、梨、葡萄病虫害及其防治 [M].北京：中国农业出版社，1964.

[10] 李建平，王家民.果树栽培学 [M].北京：中国农业出版社，1993.

[11] 周清桂.庭院果树 [M].长春：吉林人民出版社，2000.

[12] 俞玲风.关于葡萄绿枝扦插生根率问题的探讨 [J].吉林农业大学学报，1986（1）：15.

[13] 王家民.果树嫁接18法 [M].北京：中国农业出版社，1996.

[14] 王家民.葡萄绿枝扦插的试验研究 [J].吉林农业大学学报，1984（2）：27.

[15] 王家民.葡萄自根苗生长势的调查研究 [J].葡萄栽培与酿酒，1995（4）：78.

[16] 王家民.果树栽培学 [M].长春：吉林农业大学，1991.

[17] 王家民.园艺学概论 [M].长春：吉林农业大学，1989.